图说水蛭养殖关键技术

李才根　编著

中国科学技术出版社
·北　京·

图书在版编目（CIP）数据

图说水蛭养殖关键技术 / 李才根编著 .—北京：中国科学技术出版社，2020.6

ISBN 978-7-5046-8485-1

Ⅰ. ①图… Ⅱ. ①李… Ⅲ. ①水蛭—饲养管理—图解 Ⅳ. ① S865.9-64

中国版本图书馆 CIP 数据核字（2019）第 258387 号

策划编辑	王绍昱
责任编辑	王绍昱
装帧设计	中文天地
责任校对	焦　宁
责任印制	徐　飞

出　　版	中国科学技术出版社
发　　行	中国科学技术出版社有限公司发行部
地　　址	北京市海淀区中关村南大街 16 号
邮　　编	100081
发行电话	010-62173865
传　　真	010-62173081
网　　址	http://www.cspbooks.com.cn

开　　本	889mm × 1194mm　1/32
字　　数	96 千字
印　　张	4.375
版　　次	2020 年 6 月第 1 版
印　　次	2020 年 6 月第 1 次印刷
印　　刷	北京华联印刷有限公司
书　　号	ISBN 978-7-5046-8485-1 / S · 755
定　　价	30.00 元

前言

Preface

水蛭药用价值很高，是我国传统的中药材。同时，人工养殖水蛭是一项占地少、投资低、回报快、效益高的农家致富好门路。我国水蛭养殖业起步于20世纪末，经历了20余年的发展，产量逐年提升，但随着水蛭用量的持续增加，市场仍然供不应求。在此情况下，发展水蛭人工养殖是必由之路。

近年来，随着“五水共治”政策的落实，养殖环境的改善，水蛭养殖生产集约化程度的不断提高，对养殖技术要求越来越高，传统的养殖模式已经无法满足水蛭产业发展的需要。人工养殖水蛭要实现规模化、产业化，首先要尽快把成熟的养殖技术推广到农村养殖户中去，引导广大农户科学发展水蛭人工养殖，这是保证我国水蛭养殖业健康发展的当务之急。

在我国农业产业结构调整、生产方式转变的大形势下，为了在促进水蛭养殖增效、农民增收方面贡献一份自己的力量，笔者根据自己多年来在基层农村指导水蛭养殖的实践经验及资料积累，在内容上力求实用与创新兼顾，同时结合国内外有关水蛭人工养殖先进技术，围绕水蛭养殖生产的关键环节，精心编写了本书。本书配有大量照片，多为笔者在指导一线生产时所拍摄，还配有若干图表，直观明了，易读易懂，便于读者学习掌握。

在本书撰写过程中，参考和借鉴了国内外有关专家、学者的资料，并得到了多位专家、学者、一线工作人员的大力配合支持，谨此向为本书撰写提供帮助的所有人员表示衷心的感谢。

因本人水平所限，书中不当及谬误之处在所难免，恳请业内专家和广大读者对本书中的不足之处予以斧正。

李才根

目　录

Contents

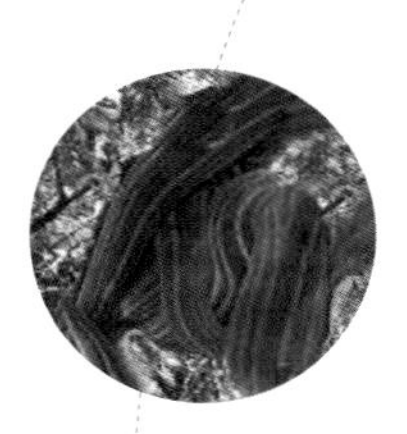

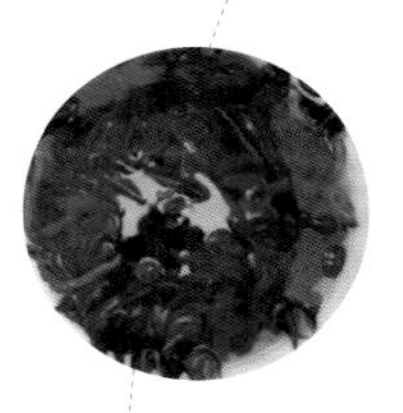

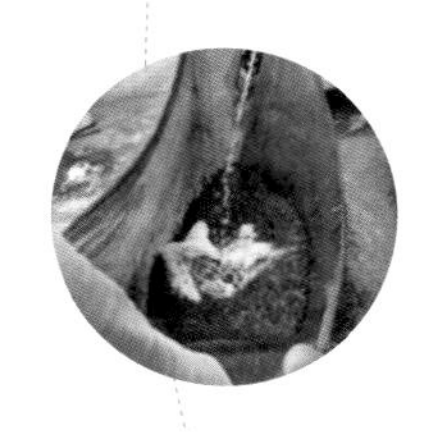

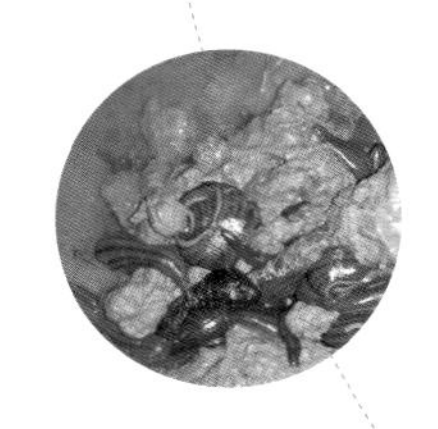

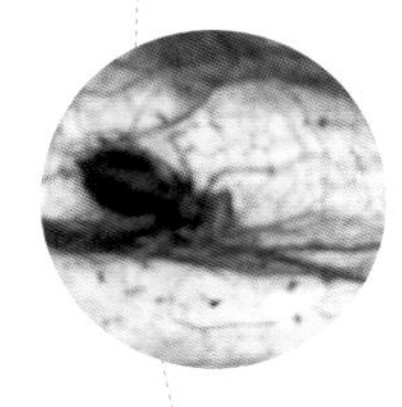

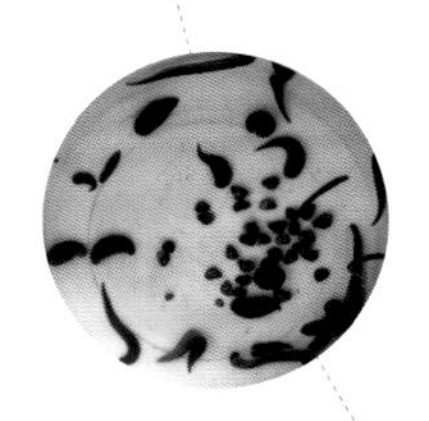

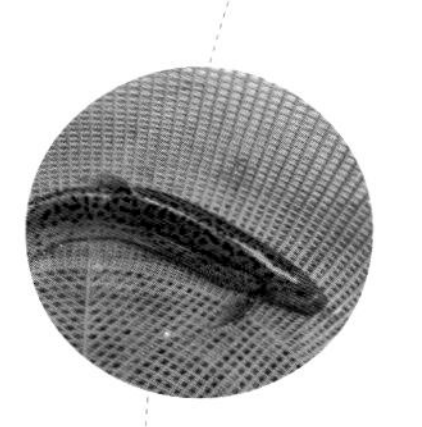

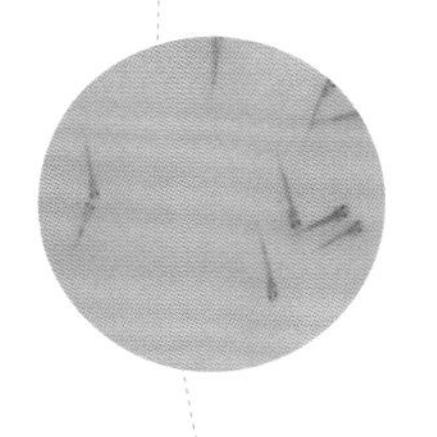

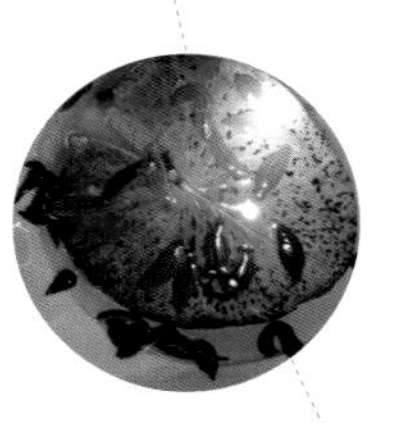

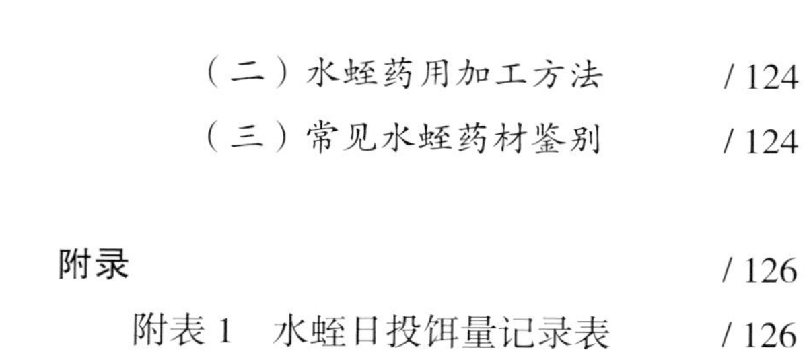

第一章　水蛭人工养殖概述

水蛭（图 1–1）作为一味中药材，国内需求量逐年增加。同时，日本、韩国及东南亚各国也从我国大量进口。国内水蛭市场货源紧缺，价格居高不下。

水蛭的药用价值主要是提取水蛭素。水蛭素具有降血脂、调节血压、溶血栓以及抗氧化和清除自由基等功效。水蛭的中成药配方产品，如水蛭注射液、血栓解片等纷纷上市。水蛭干品在保健品、化妆品领域的应用渐广，市场形势看好。

图 1–1　宽体金线蛭

一方面巨大的市场需求为人工养殖水蛭提供了商机，另一方面自然界的水蛭资源由于近年来农药、化肥等的广泛使用而锐减，因此，发展人工养殖水蛭有广阔的前景。

一、水蛭的价值

（一）营养价值

1. 蛋白质

水蛭营养相当丰富，蛋白质含量高。据测定含有 17 种氨基酸，其中人体必需的氨基酸有 7 种，占水蛭体总氨基酸含量的 39%，其余 10 种占 61%（图 1–2）。氨基酸总含量占水蛭（干重）的 49% 以上。

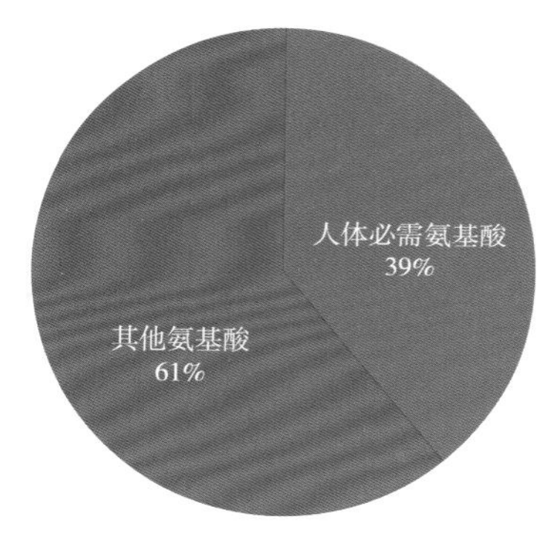

图 1–2　水蛭氨基酸含量

2. 微量元素

据测定，水蛭体内含有丰富的矿物质元素，不但有人体必需的铁、锌、钒、锰、铜等微量元素，而且还有钙、镁等几十种常量元素。

3. 多肽

多肽也是水蛭的主要成分之一，由多个氨基酸分子脱水缩合而成，是蛋白质水解的中间产物。

4. 脂肪

水蛭体内饱和脂肪酸占 63.34%，不饱和脂肪酸占 34.05%，其他脂肪酸占 2.61%（图 1–3）。不饱和脂肪酸是人体必需的脂肪酸，对人体益处很多。

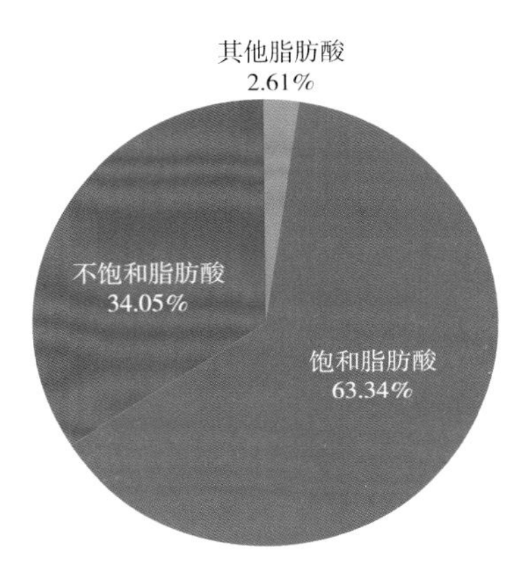

图 1–3　水蛭脂肪酸含量

（二）药用价值

尽管水蛭会传播疾病，给人及畜禽、鱼类的健康带来一定的危害。但是，古今中外不断的探索研究表明：水蛭有着相当高的药用价值。

我国对水蛭的药用价值认可历史较悠久。水蛭自古以来就是一种重要的药材，很早便已应用于临床。我国古代医书，如《神农本草经》《本草衍义》《本草纲目》等，均详细记载水蛭方剂。古人还利用水蛭吮吸脓血的特性来治疗体表疾病，故把能吮吸脓血的水蛭称为“医蛭”。在 2000 多年前的《神农本草经》中就明确记载水蛭“主逐恶血、瘀血、月闭、破血瘕积聚，利水道等”。汉代医圣张仲景首先将水蛭用于临床，立抵当汤，大黄丸破血逐瘀，治疗各种瘀血顽疾等，显示出水蛭独特的疗效。

自 20 世纪 50 年代至今，国内外学者对水蛭药理方面的研究成果，充分证实了中医药学关于水蛭药用价值的科学性和实用性，为今后广泛应用水蛭治疗各种血栓性病症提供了科学依据。

近年来水蛭的药用价值越来越突出，其功效以破血逐瘀、通经络为纲，主治病症皆与瘀血密切相关，如冠心病、脑血栓、血栓闭塞性脉管炎、血栓性静脉炎、外伤性血肿、视网膜中央静脉栓塞、高脂血症、颈动脉斑块形成等。有用活水蛭吸取术后淤血，使血管畅通，促进刀口愈合；有用水蛭配合其他活血解毒药，用于治疗肿瘤；用水蛭加蜂蜜制成注射剂，经结膜注射能治疗角膜斑翳及初发期的膨胀性老年白内障等。在临床上多用于闭经、血瘀腹痛、跌打损伤、瘀血作痛、高血压、心肌梗死、急性血栓静脉炎、产后血晕等病症。

科技人员研究发现，医蛭在吸血时唾液腺能分泌抗血凝剂——水蛭素，以及扩张血管的组织胺类物质。因此，可应用于人体器官再植或移植等手术。国外曾报道，用活水蛭进行放血疗法，治疗高血压及脑血管循环障碍，收到了明显的疗效。

水蛭是生产治疗心脑血管疾病不可缺少的主要药物成分之一。目前以水蛭为原材料已开发出百余种成品药物。随着我国进入老龄化社会，心脑血管等方面的老年疾病发病不断增多。水蛭的药用将更广泛。

总而言之，随着科技的发展，水蛭不但应用在中西医学领域，而且在保健品、化妆品领域也将会逐步被开发利用。

二、水蛭人工养殖项目的可行性研究

（一）水蛭人工养殖项目实施的意义

1. 水蛭经济价值及资源现状

水蛭是一种经济价值极高的水生动物，用途广泛，不但应用于中西医临床上，在保健品、化妆品领域用量也逐步提升，市场广阔。过量使用农药、化肥及化学工业排污对水环境的污染，导致野生水蛭资源锐减，市场供需矛盾加剧。因此，发展人工养殖水蛭势在必行。

2. 水蛭人工养殖特点

水蛭人工养殖于20世纪80年代末起步，90年代初得到了初步发展。水蛭人工养殖是一个新兴的特种养殖业项目，虽然目前还存着一些问题，技术上有待于进一步创新，但其发展空间相当广阔。人工养殖水蛭是一项占地少、投资低、回报快、效益高的致富项目。水蛭养殖可因地制宜，采用适合自己的经营方式。养殖方法多种多样，可行粗放养殖，也可精细养殖。养殖规模可大可小，修建标准化养殖池，采取规模化、集约化养殖，经济效益更高。

水蛭人工养殖周期短，基本上半年时间即可见到产品，投资不多，见效快；劳动强度低，半劳力可操作；养殖技术要求不是很高，通过培训或到现场参观学习就能掌握。农村庭院可采用小规模养殖，利用塑料泡沫箱、水缸、木桶、塑料桶、小水泥池进行养殖。也可利用荒塘、荒地养殖水蛭。总之，发展水蛭人工养殖是一条农村致富的新途径。

（二）水蛭人工养殖项目设计及实施计划

1. 养殖模式

选择室内养殖还是室外露天养殖，或是塑料薄膜大棚温室养殖，应从当地实际出发。如果资金充足，可以采用集约化养殖，建高标准养殖池（包括亲蛭池、繁殖池、幼蛭培育池、青年蛭池、养成商品池等），为水蛭生长提供较理想的生态环境，从而获得较高的单位面积产量。根据目前养殖技术水平，每亩（1 亩≈ 666.67 平方米）产量 400 ~ 500 千克完全能实现。

2. 选址

根据养殖模式选定场址，这对小规模养殖场来说不很重要，如庭院、小池塘等都可用于养水蛭。但是对于大规模、集约化养殖必须重视选择场址，且一定要到现场勘查预选场地，检查以下指标：①场地面积是否达到要求，土质是否适宜水蛭养殖。②水源是否充足，水质、水温是否适宜养蛭。③地质是否保水，下大雨时是否会泛滥成灾，或旱季是否不断水。④地形地势是否适宜养蛭。⑤交通是否便捷。⑥饵料供应是否充足。⑦电力是否能保证生产。

（三）养殖场规划和建造

养殖场规划和建造应遵循良好的养殖规范原则。生活区与生产区分开。

1. 养殖池

布局合理，规范编号。池底、池壁、水道等应符合养蛭要求。各口池塘排水口要设防逃网（80 目尼龙筛绢网），进水口要设过滤网（60 目尼龙筛绢网），以避免逃蛭和敌害生物混入。

2. 进排水系统

各池塘进排水独立，互不串连，进排水口呈对角线设置，上设进水口，下置排污口，进水口要离开水面 30 ~ 35 厘米。用 PVC 管作排水管，管子长短根据需要而定。排水管口一端埋入池底部，穿出池堤；另一端在池内并穿出池水面，排水时可调节 PVC 管高度（图 1–4）。

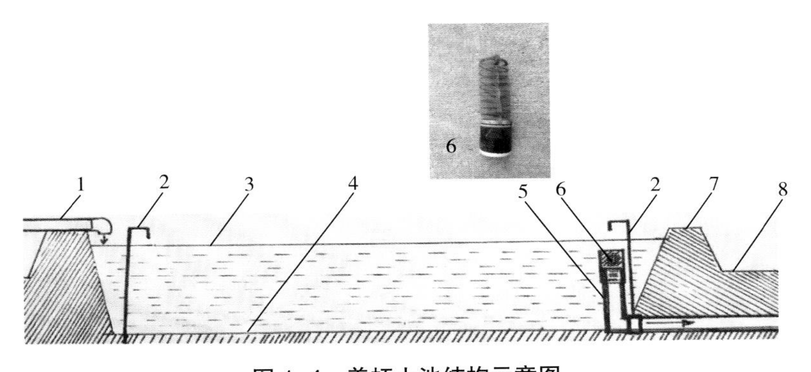

图 1–4　养蛭土池结构示意图

1. 水管　2. 防逃围网　3. 池水面　4. 池底部　5. 排污水管
6. 防逃罩　7. 塘堤　8. 地面

3. “三防”等设施

配有防逃、防病、防敌害及遮阴、供电等设施。

4. 污水处理设施

设置污水处理池，防止养殖场污水直接排放到公共水域。

5. 仓库

分设独立药物和饲料仓库，库内具有防虫、防鼠、防霉设施，通风干燥，清洁卫生，专人管理。

（四）项目投资概算

我国幅员辽阔，各地经济水平地理环境不同，很难定出一个具体标准，可针对本地实际情况制定项目概算。水蛭养殖投资概算见表 1–1。水蛭养殖利润十分可观。如果按每亩产量 200 千克，鲜蛭销售价 180 元 / 千克计，则产值为 36 000 元，去掉成本 16 500 元，获净利 19 500 元。加工成干制品，每亩水面产值会提高 7.8%。

表 1-1 水蛭项目每亩水面投资概算

投资项目	投入资金（元）	备 注
场租、建塘费	1500	水蛭生长期 5 ~ 6 个月
购网箱等	2500	
购买种蛭或蛭苗等	8000	
购买饲料（螺蛳等）	4500	
合 计	16500	

（五）管理与技术保障措施

1. 管理措施

经营管理是任何行业成败的关键，从企业的财务到后勤工作都要建立专项规章制度，如考核、考勤、考评等人员管理制度等。

2. 养殖技术保障措施

组织制定水蛭养殖技术规范，生产中要严格执行。管理水质、合理放养、科学投饵（包括活饵料培养）、防逃、防敌害、防病害、池面遮阳等各项管理活动都要做好记录，并建立技术档案。这些是养殖水蛭成败的关键性环节，要引起足够重视。

3. 产品出口技术保障措施

大型或发展到一定规模的水蛭养殖场，为了提高经济效益、获得较高利润，可将产品出口到国外。符合出口注册登记标准的养殖场，应建立检验检疫规章制度，如人员进入检疫、水质管理检疫、饲料检疫、废弃物和废水处理、生物引进检疫等，生产档案记录更详细，换言之对生产管理要求更高。

三、水蛭养殖技术流程

水蛭人工养殖作为一种新兴产业，发展势头迅猛，有些地区推广后已取得了较好的经济效益。但是还有一些农村养殖户产量较低，经济效益不尽如人意。要养好水蛭，经营者必须掌握相应的技术，抓好关键性技术环节，提高效益（图 1–5）。

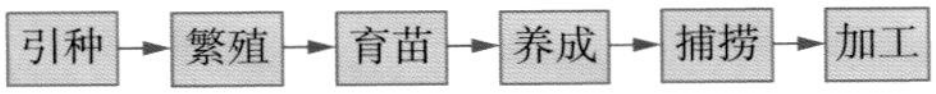

引种 → 繁殖 → 育苗 → 养成 → 捕捞 → 加工

图 1–5　水蛭养殖技术环节

（一）引种

引进良种。良种是壮苗的基础，没有好苗，也就无法提高单位面积产量和养殖的经济效益。所以引种时必须到有资质、讲诚信的养殖场选购。养殖户要根据生产条件在合适时间引种，4 月引进种蛭，5 月引进幼苗或卵茧，6、7 月引进青年苗。

（二）繁殖

随着养殖规模的扩大，自繁苗种才能满足规模养殖的需求，提高产量和经济效益。人工繁殖蛭苗技术性较强，只有掌握过硬的繁殖技术，才能获得成功。

（三）育苗

水蛭产卵茧后，在适宜的温度下，卵茧经 16 ~ 25 日孵化，幼蛭才能出茧。刚出茧的幼蛭对环境的适应能力差，尤其在卵黄囊吸尽后，若开口饵料没有跟上，幼蛭就会死亡。因此，刚孵出来的幼蛭要集中进行精心的饲养，提高成活率。

（四）养成

集中饲养的幼蛭达到 2 克左右的时候已育成，可以进行分塘养殖。这一时期是增重养殖阶段，要着重注意以下几点：

1. 水草管理

水草既可以净化水质、遮光，又是水蛭饵料螺蛳的饲料。水草少时要补、多时要除，控制合理密度。

2. 天敌防治

水蛭天敌主要是田鼠、蛙类、小龙虾、蛇类、鸟类等。

3. 落实防逃

水蛭逃跑能力极强，稍不注意就会逃离养殖池。所以网箱口、出水口等都要做好防逃工作。

4. 巡塘检查

重点检查水蛭的活动、觅食、生长等情况，观察是否发生疾病，防逃、防盗措施是否落实到位等。

5. 记好养殖日记

记录项目包括种苗放养时间、数量，水温、水质的调控，饵料投喂种类、数量，疾病防治，捕捞，销售等情况。

（五）捕捞

水蛭生长比较快，从 4 月中旬产卵茧到 10 月中旬起捕约 6 个月的生产时间，其中人工饲养时间 3 ～ 4 个月。商品水蛭规格达到20克，就可以起捕上市。捕捞时采取捕大留小，大的出售，小的继续养殖至翌年6月起捕上市。

（六）加工

水蛭捕上后要及时加工，加工方法很多，但以吊干质量最佳，销售价格也高。其次是水货。加工方法科学可以使干品成色好，销售价格高。

四、水蛭养殖经济效益分析实例

（一）材料

根据2014年浙江省某市农技推广基金会资助项目《药用水蛭养殖试验示范推广》总结资料，分析水蛭养殖经济效益如下。

1. 养殖面积与产量

见表1-2。

表1-2　养殖面积与产量

养殖池	面积（平方米）	鲜蛭产量（千克）	养殖时间（天）	养殖池条件
1号池	148	72.5	70	塑料薄膜遮雨遮阳网遮阳光
2号池	148	78.5	180	
泡沫箱	1	4.5	210	
合　计	297	196		

2. 每亩生产成本支出

见表1-3。

表 1-3　每亩生产成本开支明细

项　目	摘　要	金额（元）
种　蛭	购买 14 千克，280 元 / 千克	3920
饲　料	购买螺蛳 1500 千克，2.10 元 / 千克	3150
水电费等	电费、药品、辅助材料、差旅费等	4500
遮阳网等	遮阳网 200 元、塑料薄膜 300 元	500
场地租金		500
工人工资	1 人兼职 6 个月，130 元 / 天	23400
合　计		35970

3. 每亩销售收入

见表 1-4。

表 1-4　每亩销售收入明细

项　目	摘　要	金额（元）
吊干水蛭	66 千克，1000 元 / 千克	66000
卵　茧	2.5 千克，1000 元 / 千克	5000
盐蛭干	2.5 千克，600 元 / 千克	1500
合　计		72500

4. 每亩净收入

利润：毛收入 72500 元 – 支出 35970 元 =36530 元

（二）方法

水蛭养殖生产时间：4 月 13 日开始育苗，至 10 月 12 日收获（试验结束），生产管理环节如下。

1. 泡沫箱养殖

放养时间：5 月 30 日—9 月 20 日；

幼蛭放养量：7 只箱，每只放幼蛭 200 条，共计 1400 条；

收获条数：3.5 千克 ×200 条 / 千克 =700 条；

成活率：约 50%。

2. 1 号养殖池

放养时间：6 月 18 日—10 月 2 日；

幼蛭放养量：2 万余条；

收获条数：52.5 千克 ×130 条 / 千克 =6825 条；

成活率：6825÷20000=0.3413，约为 34. 13%。

3. 2 号养殖池

放养时间：6 月 30 日—10 月 1 日；

幼蛭放养量：3 万余条；

收获条数：72.5 千克 ×130 条 / 千克 =9425 条；

成活率：9425÷30000=0.3142，约为 31.42%。

（三）管理措施

1. 抓育苗管理

抓好育苗，育出优质水蛭苗，为水蛭养殖获得丰收打下了扎实的基础。

2. 抓水质调节

养水蛭水质很重要。因为本地河水水质差，农药成分含量高，进入水蛭池时必须进行处理。先将河水抽入 4 个净水池中沉淀，池中种植水草等，以净化、改良水质，再用 4 个净水池逐级净化，轮流使用。

3. 抓饲养管理

及时投喂，饵料要清洗干净，以防止不洁的动植物等带入养殖池污染池水。投喂后要注意观察，饵料既不能多，又不能少。及时捞掉死螺及污泥等。

4. 抓病害防治

泼洒光合细菌等生物制剂处理养殖池底质，以及定期施漂白粉等杀菌。经常巡视池塘，发现死蛭、病蛭及时捞出，防止蛭病传播。

第二章 水蛭的生物学特性

一、水蛭的分布与种类

（一）地理分布

水蛭人们通常称为蚂蟥，种类众多。据有关文献记载，至今世界上已知的水蛭有600种左右，其中我国有100多种，除了新疆和西藏外，其他省、自治区、直辖市的水田、小溪流、湖畔、沼泽、鱼塘等水域均有分布。

（二）生物学分类

生物分类学上，水蛭隶属于环节动物门、蛭纲、颚蛭目、水蛭科。蛭纲有4个目：石蛭目、颚蛭目、吻蛭目、棘蛭目。最常见、具经济价值的品种有：宽体金线蛭（*Whiitmania pigra*，又名宽体蚂蟥、马蛭）、日本医蛭（*Hirudo nipponiea*）、尖细金线蛭（*W.acranulata*）、光润金线蛭（*Whitmania laevis*，又名金线蛭）、棒纹牛蛭（*Poecilobdella javanica*）、日本山蛭（*Haemadipsa japonica*）、菲牛蛭（*P.ganilensis*）7 个。

（三）经济种类

水蛭虽然种类较多，但适合我国人工养殖的种类却较少，主要养殖种类是宽体金线蛭、尖细金线蛭和日本医蛭 3 种。其中，宽体金线蛭在中药材中用量最大，最具有养殖价值。

1. 宽体金线蛭

宽体金线蛭又称牛蚂蟥、宽身蚂蟥、蚂蟥、扁水蛭、水蚂蟥（图 2–1）。宽体金线蛭体宽大，扁平，呈纺锤形，体长 6 ~ 13 厘米，在爬行时长度可达 20 厘米左右，成年蛭个体重量可达 20 ~ 50 克。背面有黄色和黑色两种斑纹相间形成的纵纹 5 ~ 6 条，中央有 1 条较粗长的白色阔带。腹部淡黄色，掺杂有 7 条断续的、纵行的、不规则的茶褐色斑纹或斑点，其中中间 2 条尤为明显。宽体金线蛭颚上有 2 行钝齿，颚齿不发达，不吸动物血，主要采食螺蛳、河蚌、水中软体动物、浮游生物和小型水生昆虫幼虫及腐殖质等。

图 2–1　宽体金线蛭

2. 日本医蛭

俗称日本医水蛭、稻田医蛭。其个体小，体狭长，背腹稍扁平，略呈圆柱形，体长 3 ~ 6 厘米，宽 0.4 ~ 0.5 厘米。背面呈黄褐色或黄绿色，5 条黄白色纵纹将灰绿底色隔成 6 道纵纹，以背中 2 条最宽阔，背侧 2 对较细。褐色斑点分布于纵纹的两旁。背中线和一纵纹延伸至后吸盘上。腹面平坦，灰绿色，腹侧有很细的灰绿色纵纹 1 条。整个身体有不明显的环带 103 条。眼有 5 对，呈马蹄形排列。前吸盘较大，后吸盘呈碗状，朝向腹面，背面为肛门。口腔内有颚 3 片，颚上有锐利细齿。颚齿发达，吸食人、畜、鱼和蛙类的血液。医学上多以活体使用，不用于加工药品（图 2–2）。

图 2–2　日本医蛭

3. 尖细金线蛭

尖细金线蛭又称柳叶蚂蟥、茶色蛭。它身体细长，扁平，呈柳叶形（图 2–3）。头部非常细小，前端 1/4 尖细，后半部最宽阔。体长 2.8 ~ 6.7 厘米，宽 0.35 ~ 0.8 厘米。尖细金线蛭背部为茶色或橄榄色，纵纹由 5 条黄褐色或黑色斑点所组成，

图 2–3　尖细金线蛭（背面观）

以中间一条纵纹最宽，由黑色素斑点构成的新月形分布在背中纹两侧，约有 20 对，凭着此特征可区别其他种类。体节分为 105 环，环沟分界明显。眼有 5 对，位于 2 ～ 4 节及 6、9 环的两侧。生长在水田和湖泊中，以水蚯蚓和昆虫幼虫为主食，有时也吸食牛血。

二、水蛭的形态结构

（一）外部形态

水蛭体表呈黑褐色、蓝绿色、棕红色、棕色等，背部或多或少有几条不同颜色的斑纹或斑点。身体有极强的伸缩性。不同的品种体长相差极大，大的可达 30 厘米左右，小的仅有 1 厘米左右，常见的水蛭多数只有 3 ～ 6 厘米。

水蛭外部形态变化较大，不同种类又有其固有的外部特征，大部分背腹扁平，如叶片状，有固定数目的真正环节有 33 个，每个环节上还分布有三五个至十几个小节，小节又称体环。身体上缺少刚毛和疣足，前端比较细长，后端较宽，腹面端各有一个吸盘，前吸盘小，后吸盘大。有些种类前吸盘内有一个吻管，起口的作用，后吸盘内有肛门（图 2–4）。有些种类身体两侧有成对的鳃。

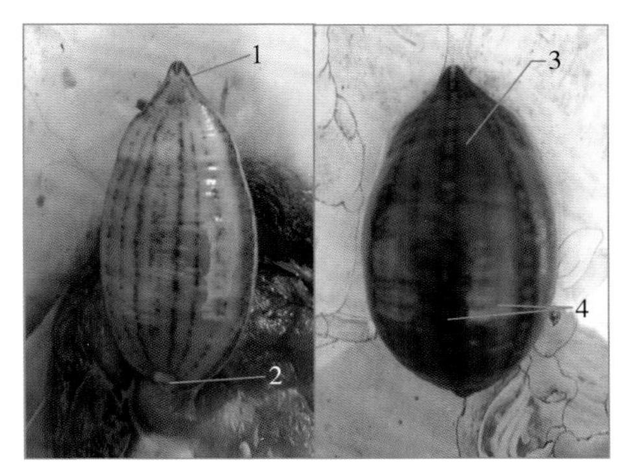

图 2–4 水蛭背腹面

1. 前吸盘 2. 后吸盘 3. 体前部 4. 体后部

（二）内部构造

1. 皮肤肌肉

由上皮层与肌肉层组成。上皮层中有许多单细胞腺体，能分泌黏液，以湿润皮肤。皮肤中有色素细胞，能在光线的刺激下，使皮肤变色，以适应环境。水蛭身体内部的真体腔被一种结缔组织侵占，因而真体腔逐渐缩小，最后变成了血窦。血窦就是血管，体腔液就是血液。水蛭有多对排泄器官，是一种混合肾，内端开口就在腹血窦的分支内。

2. 消化系统

主要是消化道。消化道是一条纵行管，它包括咽、食道、嗉囊、胃、肠、肛门，肛门开口于后吸盘内（图 2–5）。嗉囊是贮藏吸入的血液或其他汁液的囊。

3. 神经系统

主要位于腹血窦内的腹神经索，腹神经索上还有 21 个神

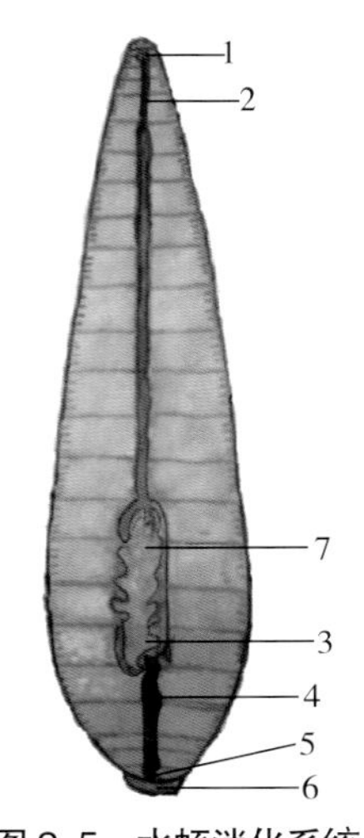

图 2–5　水蛭消化系统

1. 咽　2. 食道　3. 胃　4. 肠　5. 肛门　6. 后吸盘　7. 嗉囊

经节，每个神经节代表一个环节。水蛭感觉器官有眼点数对；皮肤上有凸起，是触觉和辨别水质的感觉器。

4. 生殖系统

水蛭为雌雄同体、异体受精，采用有性生殖繁殖后代。体外有生殖带，是产生卵袋（卵茧）的组织，受精卵在卵袋里发育。在繁殖季节，身体前部雌雄生殖孔之间都有明显的鼓起，这鼓起部位就是生殖带，繁殖以后会消失。以下以金线蛭为例：雄性生殖系统有 11 对圆形而小的精巢，位于 12 ~ 23 节，逐节排列，各个精巢通出小管，再通入两侧纵行的总输精管，输精管向前行至 11 节卷曲成贮精囊，囊下方通出 2 条射精管，射精管通向位于体中央的阴茎。阴茎通过第 10 节腹面中央的雄性生殖孔而伸出体外。雌性生殖系统有 1 对卵巢也包在卵巢囊内，位于 11 ~ 12 节之间。卵巢通出 2 条输卵管，会合形成总输卵管，再向后延伸到第 12 节后缘。阴道开口于第 8 节腹面中央，即为雌性生殖孔，位于雄性生殖孔的后一节上。

三、水蛭的生活习性

（一）生长环境

水蛭绝大多数品种生活在淡水里，极少数生活在海水中，极个别的生活在陆地上，也有一些营水陆两栖生活。水蛭喜欢水草或藻类相对比较丰富的浅水区，水深一般在 40 ~ 60 厘米，尤其喜欢多边多角、池底岸边及饵料丰富的区域。这样的环境利于其吸盘吸附于物体上，有利于休息、避敌，同时食物来源广，饵料有保障。因此，人工养殖时在养殖池中可设置一些秸秆、毛竹等，供水蛭固着休息（图 2–6 ~ 图 2–8）。

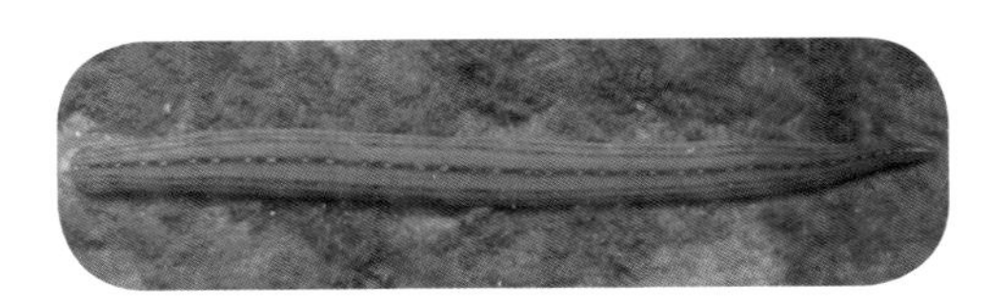

图 2–6　水池底部的宽体金线蛭

图 2–7　水草丛中的水蛭

图 2–8　吸附在水泥池壁上的水蛭

（二）环境要求

1. 温度

温度是影响水蛭生长及活动的重要因素（表 2-1）。

表 2-1　温度对水蛭的影响（℃）

项目	影响生长	生长适温	停止摄食	交配		卵茧孵化		出土	冬眠
				开始	最佳	开始	最佳		
温度	35 以上	15 ~ 30	10 以下	15	18 ~ 20	19 ~ 20	22 ~ 25	10 ~ 14	8 以下

2. 含氧量

水蛭体内的共生菌可以进行厌氧呼吸，所以能忍受水中长时间缺氧的环境，使其在短期内维持生命。保证水体中的溶解氧在 0.7 毫克 / 升以上，就能满足其生活所需。

3. 酸碱度

最适 pH 值 6.5 ~ 7.0；适应范围：pH 值 4.5 ~ 10.1；不适应或死亡：pH 值 10.1 以上或 4.5 以下。

4. 盐度与土壤

水体含盐量不得超过 1%。繁殖时对土壤湿度有严格要求。在越冬时，要求栖息的土壤松软透气。

5. 光与水流

水蛭体表有许多光感受器，对光反应比较敏感，有极大的避光特性。白天很少出来活动，夜间活动频繁；晴天不活动，阴雨天活跃。水蛭对水流的反应尤其敏感，水面一有动荡，就会招来水蛭。

（三）特殊习性

1. 吸盘用途

吸附物体或宿主体上，作行动器官。

2. 行动方式

水蛭因生活所在地不同而采用不同的行动方式（图 2–9）。

（1）蛭行运动（尺蠖式运动）　是水蛭在岸上或植物体上常用的爬行方式。

（2）蠕动　水蛭离开水在岸上或植物体上爬行有时也采用蠕动的方式。

（3）游泳　水蛭在水里向前游动的行动方式称为游泳式运动。

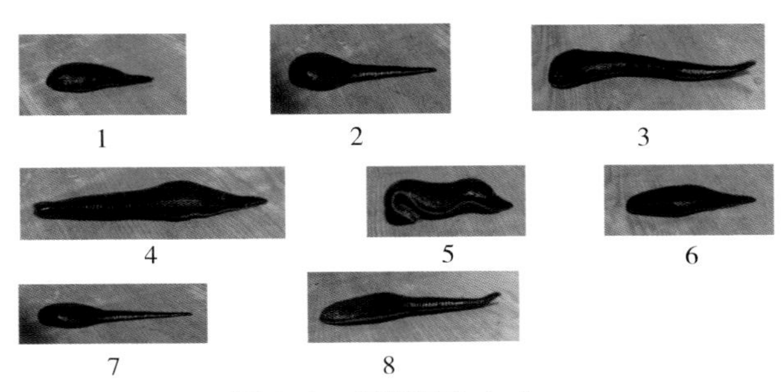

图 2–9　蛭行运动方式

1~3：后吸盘吸住体向前伸展　4~5：前吸盘吸住体向前收缩
6~8：后吸盘吸住体向前伸展

3. 特殊的吸食习性

水蛭营寄生生活，一般为体外寄生，有些则是经常爬到某些动物体，尤其是脊椎动物体上，吮吸其血液。吸取的血液贮存在嗉囊。

4. 冬眠特性

10℃水蛭进入冬眠，入泥深度为15 ~ 25厘米。水蛭在冬眠前1个月进食旺盛，贮存能量。翌年春天水温回升到持续10℃以上时，水蛭会出土觅食。

5. 善逃与再生性

水蛭受到外界干扰，身体立刻卷成一团。它喜欢在潮湿的墙体上爬行，尤其在下雨天网箱的网眼潮湿，极易逃跑。防逃工作是水蛭养殖能否丰收的关键之一。水蛭具有特有的再生能力，当其身体横向切断，即能从断裂部位重新长成2个新个体。

6. 对化学药品敏感

水蛭在头部有化学感觉器。水蛭对碱性物质反应非常强烈，低浓度的碱就可使它死亡。

四、水蛭的繁殖与生长

（一）繁殖方式

水蛭属卵生动物，离开卵茧后要经过14 ~ 18个月的生长发育，才能性成熟，每年可繁殖2 ~ 3次。养殖水蛭生长快，性成熟时间会缩短几个月。不管是养殖的还是天然生长的水蛭，凡是当年繁殖的个体必须经过蛰伏，才能达到性成熟，具有繁殖的能力。

1. 交配

水蛭雌雄同体，异体交配。每条水蛭同时具有雌雄生殖器官，互相呈反方向交配（图2-10），体内受精。水蛭一年繁殖2 ~ 3次，每年春秋两季，当水温超过15℃时交配。发育成熟的水蛭经交配后 1 个月开始产卵。

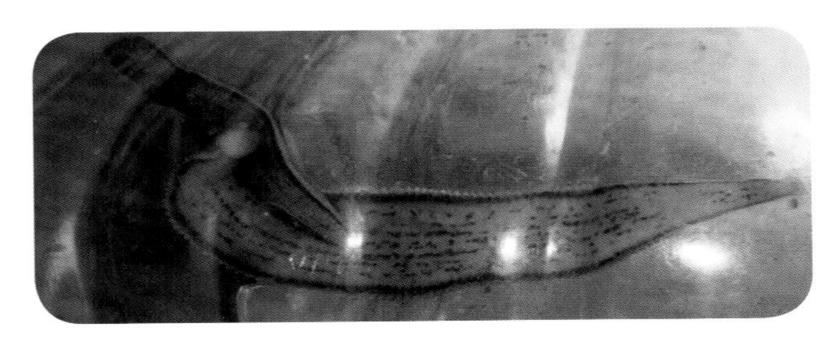

图 2-10　水蛭正在交配

2. 产卵时间与地点

每年春秋两季，水温 15℃以上时，水蛭开始交配，20℃左右钻入高于水面 20 厘米处的河岸、田埂、水塘边的土壤中（土壤含水量在 30% ~ 40%）。水蛭入土后向上方钻成一个斜行或垂直的孔道，在洞穴中产卵。孔道宽约 1 厘米，深 5 ~ 6 厘米，有 2 ~ 4 个分道。在特殊环境下，水蛭会将卵茧产在水草上（图 2-11），甚至产在水泥池壁、网箱壁上，此景尤其在秋季产卵较为多见。长江流域一般产卵时间在 4 月中旬和 9 月中旬。

图 2-11　亲蛭在水草上产的卵茧

3. 筑茧

水蛭在孔道中前端朝上，其环节部分分泌一种薄薄的黏液，夹杂空气而形成肥皂泡沫状物，接着再分泌另一种黏

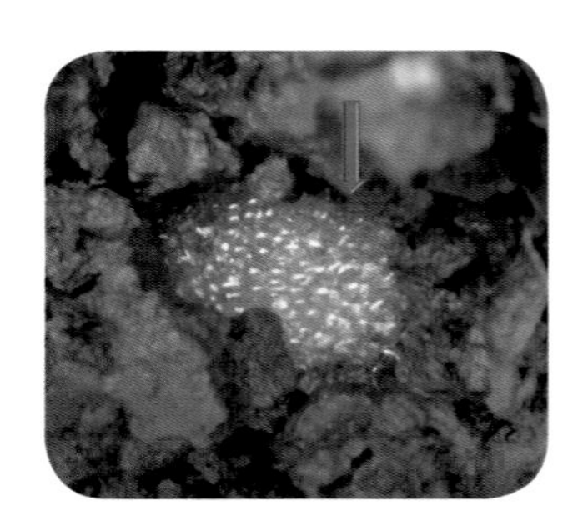

图 2–12　亲蛭刚分泌的黏液还未消失

液，成为卵茧壁，包于环带的周边（图 2–12）。

4. 亲蛭完成产卵

卵从雌性生殖孔排出落在茧内壁和身体之间的空腔内，同时分泌一种蛋白液于茧内。

5. 亲蛭离茧

亲蛭完成产卵后慢慢向后退出，在退出的同时，由前吸盘腺体分泌形成一个栓，以塞住茧前后端的开孔。产卵全过程约半小时，1 条水蛭每次产茧 1 ～ 4 个（图 2–13）。产在泥土中的茧，数小时后茧内壁变硬，茧壁外的泡沫风干，因而壁破裂，只留下五角形或六角形组成的蜂窝状或海绵状保护层（图 2–14）。卵茧为椭圆形，呈海绵状，

图 2–13　水蛭产在洞穴中的卵茧

1. 产茧水蛭　2. 产出时间较长的卵茧　3. 刚产的卵茧

图 2–14　卵茧（海绵状保护层）

平均大小一般为（22 ~ 33）毫米 ×（15 ~ 24）毫米，每个卵茧平均重量为 1.1 ~ 1.7 克。

6. 卵茧孵化条件

（1）孵化时间　卵茧孵化阶段，5 月底至 6 月底；孵化盛期阶段，6 月中旬。

（2）温度　20℃左右，温度高则孵化时间缩短，温度低则孵化时间延长。

（3）土壤含水量　30% ~ 40%。

（二）生长发育

1. 生长速度

卵茧在适宜温度、湿度的环境下在经过半个月至 1 个月，即可孵出幼蛭（图 2-15 ~ 图 2-16）。幼蛭生长 4 ~ 6 个月，至体长 6 ~ 10 厘米、体重 5 ~ 6 克，就达到性成熟。个体重达到 8 克以上即可以加工。营养不足或野生状态下，需要

图 2-15　幼蛭从卵茧中爬出

图 2-16　幼蛭

1 ~ 2 年才能长成。

2. 发育期

野生水蛭在自然状态下，一生要经过以下 4 个发育期（图 2–17）。

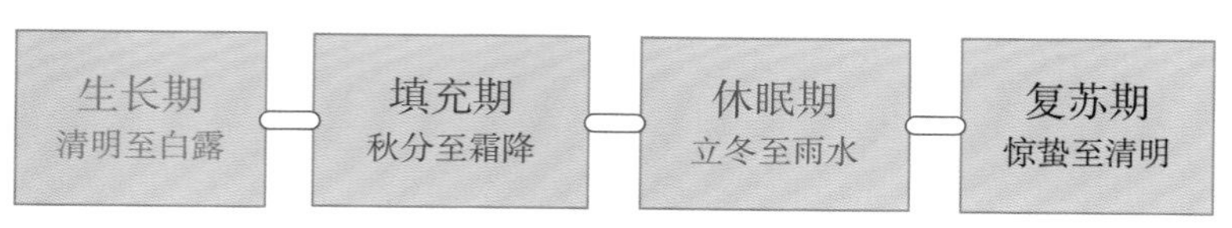

图 2–17　水蛭发育期

第三章　水蛭的营养饲料与投喂

一、水蛭的营养与饲料

（一）水蛭的营养需求

水蛭在不同的生长发育阶段对营养物质的需求不同。明确水蛭在不同生长发育阶段的营养需求及各种营养物质的作用，对指导水蛭养殖中科学投饵，促进水蛭的健康成长，提高单位面积产量有着重要意义。水蛭需求的营养物质主要有五大类：蛋白质、脂肪、糖类、维生素和矿物质。

1. 蛋白质

蛋白质是构成水蛭生命的基本物质。有生物催化、调节代谢、免疫保护以及促进生长、繁殖、遗传和变异的作用。水蛭体内的各种色素、激素、抗体、酶等都由蛋白质组成。水蛭对蛋白质的需求量随着机体生长而增加，水蛭的幼年期对蛋白质的需求量为饵料总量的30%左右，繁殖期可达80%左右。水蛭的生长与增重主要是蛋白质在水蛭体内积累的结果。因此，在人工养殖时要注意饵料中蛋白质的含量是否达到标准。

2. 脂肪

脂肪是水蛭必不可少的营养物质，但不能直接被蛭体所吸收利用，必须在脂肪酶的作用下分解为甘油和脂肪酸后才能被蛭体所吸收。水蛭体内各个组织都需要脂肪，尤其是在繁殖期和冬眠期，水蛭依靠体内贮存的脂肪维持生理活动，不然就会死亡。由于水蛭能将糖类转化为脂肪，因此水蛭对脂肪的需求很容易解决。

3. 糖类

糖类在营养学上一般分为单糖、双糖、多糖等，是水蛭主要的能量物质，可提供水蛭生长和生活所需要的能量。同时，在机体需要时可转化成糖原和脂肪。

4. 维生素

水蛭对维生素需要量虽然不大，但不可缺少。水蛭体内如果缺乏维生素，会导致新陈代谢紊乱，引发各种疾病。

5. 矿物质

矿物质又称无机盐，包括常量元素和微量元素，是构成蛭体成分和酶的组成成分，可提高水蛭对营养物质的利用率。缺乏矿物质会影响水蛭的生长，重则出现病态，长期缺乏会引起水蛭大批死亡。

（二）水蛭的饲料

水蛭是杂食性动物，以吸食动物的血液或体液为主要生活方式（图 3–1、图 3–2），常以昆虫、软体动物、浮游生物为主食。在人工养殖条件下以各种动物内脏、熟蛋黄、配合饲料、植物残渣、水蚯蚓及淡水贝类、杂鱼类等为食（图 3–3 至图 3–5）。

图 3–1　水蛭钻进蚌体内摄食

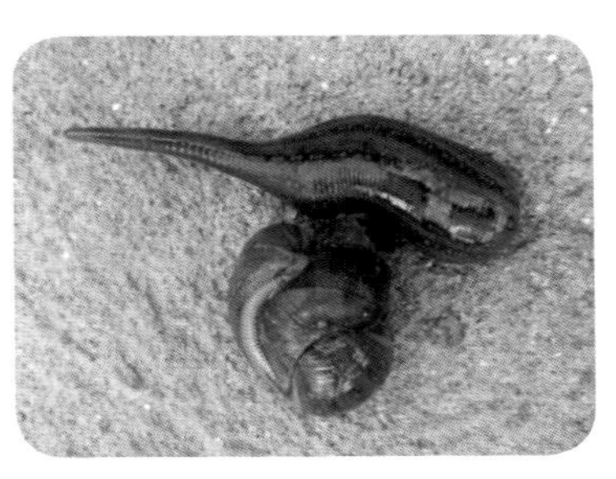

图 3–2　水蛭正在吃螺蛳

图 3–3　田螺

图 3–4　蚬

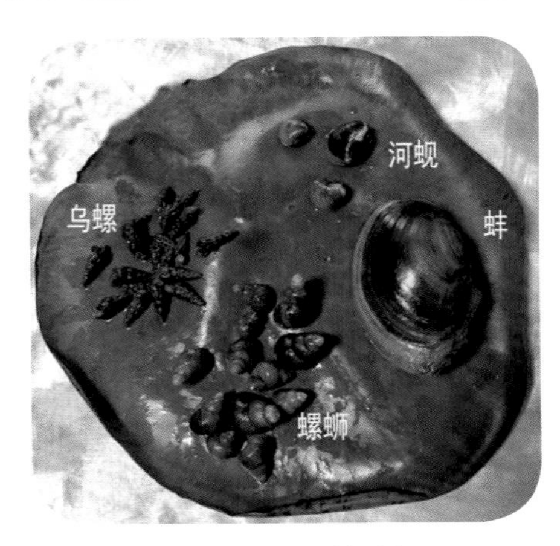

图 3–5　各种饵料

二、水蛭天然饵料采集

水蛭的天然饵料主要有蛙类、螺类、鱼类、浮游生物等。采集方法如下。

（一）水蚯蚓采集

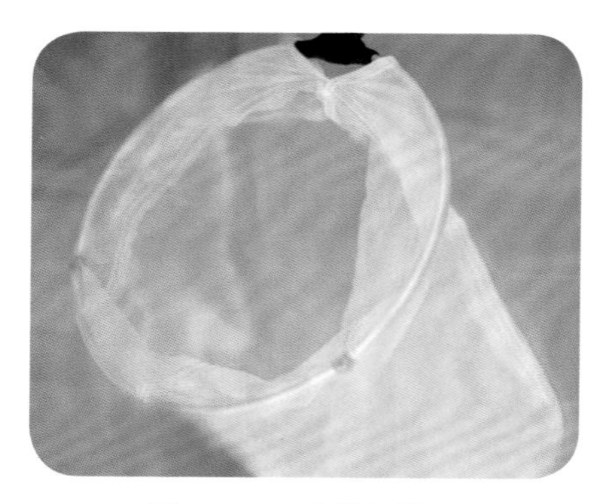
图 3–6　尼龙筛绢捞网

水蚯蚓是水蛭最适口的饵料。它常群栖在小水坑、稻田、池塘和水沟底部的污泥或水中，身体呈红色或青灰色。采集时将淤泥和水蚯蚓一起捞入网（120 目尼龙筛绢网，图 3–6）中，然后用水反复淘洗，挑出水蚯蚓。

（二）蛙类采集

方法有两种：一是采用钓捕，白天常用此法；二是采用灯光照捕，晚上常用此法。由于蛙类是有益生物，建议不要到野外水域去捕捉，采用自繁自育。

（三）螺类采集

螺蛳是水蛭的主要饲料，一般养殖成水蛭 500 克，需要螺蛳 3500 克。水库、池塘、河流、湖泊等地是螺类较多的地方，可用各种不同网具捕获，如用铁丝篮拖捕等（图 3–7）。

1. 钓具制作

农村庭院或小规模养殖水蛭，可用棕榈树叶钓捕，1个人（半劳力）每天2小时可收获螺蛳50千克左右。此法基本上能满足水蛭采食的需要，且较为经济。其主要技术要点介绍如下：

在棕榈树上割取做扇子的叶子，叶柄尽量取长些，约60厘米，在近叶柄端刻一圈浅痕迹，再用一条塑料线（2×3股）的一头打上一个牛桩结绑在此处，另一端绑在长25厘米、宽1.5厘米的小竹片或小树枝条上，以便固定钓具位置（图3–8）。

图3–7　收集铁丝篮拖捕的螺蛳

图3–8　吸在棕榈树叶上的螺蛳

2. 放置棕榈树叶

（1）放置地段选择　在湖泊、江河、水库、沟渠和鱼池等水域中，一年四季都生长着螺蛳。要选择环境僻静、冬暖夏凉、背阳、水流缓慢、临近庭院、无污染源的水域地段。

（2）放置方法　沿河岸放置，一般每2.5 ~ 3米河岸沿水面放1张，将扎塑料线的竹片插在岸边泥土里或石头缝中，以利于起捕操作。夏天水温高，螺蛳栖在浅水处；冬季气温低，螺蛳栖在深水处，因此棕叶放入的深度要根据季节调整。

3. 起钓

（1）时间　棕榈树叶放入河底后，螺蛳不会立刻爬到上面，叶子入水1周后开始腐烂，发出的气味会吸引螺蛳爬到叶上。棕榈树叶长时间浸在水中，即使大部分叶片已经腐烂，但叶上还有很多螺蛳吸着。炎热夏季每40 ~ 50天换1次叶子，冬季基本不换叶子。

（2）操作注意事项　提叶子时操作要缓慢，提上后放在塑料大盆内或大捞网内，左手提着叶子，右手用棍棒由上往下顺着叶子扫下螺蛳。清理干净后把叶子放回原处继续诱螺蛳（图3–9、图3–10）。

图3–9　塑料桶收集螺蛳

图3–10　捞网收集螺蛳

4. 产量分析

笔者根据 2016 年四季钓螺蛳记录总结如下：螺蛳产量随季节变化，与水温量成正相关，水温高则产量高，水温低则产量低。

（1）春季　天气逐渐转暖，水温回升，螺蛳产量逐渐提高。每张叶子上螺蛳数量从 100 粒提高到 150 粒左右，按每 500 克螺蛳平均 400 粒计算，产量为 125 ~ 188 克。

（2）夏季　水温高，水域浮游生物饵料丰富，螺蛳大量繁殖，是一年中螺蛳产量最高的季节。每张叶子上螺蛳数量从 250 粒提高到 350 粒左右，产量为 313 ~ 438 克。

（3）秋季　水温逐渐下降，螺蛳繁殖率降低，加上人为捕捞，螺蛳量逐日减少，每张叶子上螺蛳数量从 340 粒减少到 230 粒左右，产量为 425 ~ 288 克。

（4）冬季　由于天气寒冷，水温低，螺蛳产量较低，每张叶子上螺蛳数量为 80 粒左右，产量为 80 克左右。

5. 螺蛳保存

市场上采购回来的螺蛳要先放置几天，选择阴凉地方，平铺，不要堆积，能保证螺蛳存活 1 周。自己收获的螺蛳运回后要放在清水里洗净，如果一次喂不完可先暂养。

（1）吊箩暂养　把螺蛳放入稻谷箩中，每只箩装 5 ~ 6 千克，箩口用 20 目塑料网封住，再用绳子绑牢，将竹箩吊挂在近庭院的池塘或河流等水域，每天提箩离水 2 ~ 3 次，以交换箩内外水体。此法暂养螺蛳，1 周内成活率在 99%以上。

（2）摊地保存　在通风、阴凉的走廊里，选平滑的水泥地或泥地，铺上较厚的塑料薄膜，大小根据需要，薄膜四周垫木条或竹棒，使塑料膜内可积水深 2 ～ 3 厘米。然后把螺蛳平摊在薄膜上，每天洒些水，保持螺蛳表面湿润。本法保存 1 周内成活率可达 100%。

（3）降温保存　一般选择在冰箱贮藏室保存，箱内温度控制在 5℃左右，根据冰箱贮藏室大小决定贮存量。把螺蛳放入容器中，再加入适量的清水，放入冰箱冷藏，3 天内成活率可达 100%。

（4）冷冻保存　螺蛳资源多时冷冻保存起来，以便淡季供应。冰螺蛳在投喂前要进行处理，螺蛳口有一片厣封着，否则投喂后水蛭无法采食。

（5）容器保存　将收集的螺蛳放在塑料桶或木桶内，不能盛太满，一般占桶容积的 2/3，如发现螺壳干燥，可泼少量水。此法螺蛳可保活 1 ～ 2 天。

三、水蛭人工养殖饵料

（一）水草类

藻类个体较小，是水蛭的良好饵料。芜萍是浮萍植物中体形最小的一种，适合做小水蛭饵料。可以到水塘、稻田、藕塘等水体中捞取，投入池中供水蛭取食。

（二）谷实类

谷实类饲料属于能量饲料，是幼龄水蛭和越冬成年蛭的主要饲料。主要包括玉米、稻谷、大麦、小麦、燕麦、高粱及其加工后的副产品。

（三）植物性蛋白质

这类饲料蛋白质含量较高，为水蛭生长发育提供最主要的蛋白质来源。常见的有黄豆、豌豆、蚕豆及其加工后的副产品，如豆饼、棉仁饼、菜籽饼、芝麻饼、花生饼等。

（四）动物性蛋白质

这类饲料能发出刺激的气味，所以较植物性蛋白质饲料对水蛭更有吸引性，诱使水蛭前来采食。常见的有鱼粉、骨肉粉、虾粉、蚕蛹粉、血粉等。

按一定比例将谷实类、豆类等植物性蛋白质饲料，动物性蛋白质饲料，矿物质、维生素及非营养性的添加剂，通过加工制成配合饲料，这是解决水蛭人工养殖的饲料的最佳途径。

四、水蛭饵料的投喂

（一）投饵量

投饵量应根据水蛭的大小来计算。以作者 2014 年水蛭养殖试验池数据为例：水蛭养殖生产时间，5 月 30 日放养幼蛭 2.1 万条，10 月 2 日起捕，养殖时间为 120 余天。养殖面积 296 平方米水面，收获鲜蛭 125 千克，共投喂螺蛳 475 千克。水蛭规格，平均为 130 条 / 千克；平均单条重量为 7.7 克；个体小，最大的单条为 25 克，最小的为 1 克。饵料系数仅为 3.8。由此可见，投饵明显不足。正确的投喂量，从每条水蛭幼苗到成品，每产鲜蛭 1 千克，应投螺蛳 14 千克，饵料系数为 7。投喂其他活体饵料可参考此量进行投喂。

（二）投喂方法

将自捕或培育的螺蛳、蚌、田螺、河蚬、福寿螺等先清洗杂质后，再用 10 毫克 / 千克漂白粉液浸洗消毒，水温 15 ～ 25℃，浸洗 5 ～ 10 分钟，再经 60 目过滤网清水冲洗残留漂白粉液，然后投喂。投喂前要检，饵料有臭味、死亡的不能投喂。

大单位养殖场应设螺蛳暂养池进行培养。没有条件的，可用大水缸代替暂养池充气暂养。操作方法：先进半缸水，然后放入螺蛳 50 千克，放入充气机（图 3-11）1 ～ 2 个。此法暂养螺蛳 3 ～ 4 天成活率可达 100%。缸内暂养螺蛳数量少，暂养天数可延长。

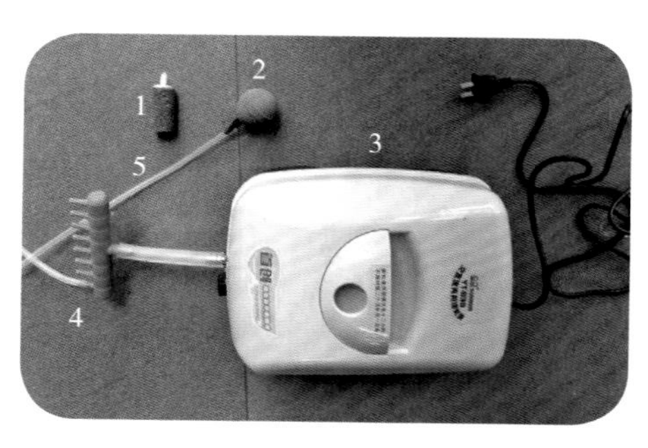

图 3-11　充气机及其附件
1.柱形充气头　2.球形充气头
3.充气机　4.分气排　5.气管

（三）投喂“四定”原则

1. 定时

投喂饵料的时间要固定，使水蛭养成按时摄食的习惯，以利于消化。一般情况下以上午 9 时左右和下午 5 时左右为投饵时间。冬天在日光温室中饲养的，宜在中午投喂。

2. 定量

每天投喂的饵料数量要相对固定。日投喂量一般为存池水蛭实际总重量的1%，并根据水蛭的摄食情况、天气变化、水温、水质等情况灵活掌握。水蛭日摄食量一般为其体重的5%左右，切勿投喂过多，以免水蛭吃得过饱而死亡。

3. 定点

投饵的地点要固定，这样使水蛭养成定点取食的习性。投喂点的数量应根据养殖池的大小以及养殖密度来确定。为便于观察摄食情况，以集中投在饵料台上为好。饵料台尽可能设在池的中间或对角处，既利于水蛭的摄食，又利于清理剩余饵料。水蛭有群集争食的习性，饵料台应设多个。饵料台可用木框、铝制网线或密尼龙网布等制成，形状不限，如用薄木板制成长80厘米、宽20厘或长50厘米、宽20厘米的饵料台，并将它固定在水下3厘米处（图3–12）。

图3–12 毛竹筛绢网饵料台

4. 定质

自然生长的水蛭爱吃活饵料，不吃腐臭变质的食物。因此，投喂的饵料一定要新鲜，切忌投喂腐败霉变食物。不管是动物性饵料，还是植物性饵料，均要保证新鲜、卫生。投喂的饵料要多样化，动、植物性饵料要合理搭配，以满足不同阶段水蛭对营养的需求。

（四）投喂“三看”原则

1. 看水蛭摄食时间

投喂的饵料在 2 小时内都被水蛭吸着，表明饵料足够；如果还有部分水蛭找不到饵料，表明投喂饵料不足，需要适当增加投喂量。水蛭已离开食台，食台上剩余饵料较多，表明下次投喂应减少。

2. 看水蛭生长速度

水蛭长得快或生长正常，表明投喂量适度；反之，则投喂量欠缺，需适当增加。

3. 看水面动态

吃饱的水蛭一般都沉到浅水处池底安静地栖息着，如果其处于饥饿状态，则四处活动找食，表明要投喂饵料。

第四章　水蛭人工繁殖技术

一、水蛭人工繁殖工艺流程

走水蛭人工养殖之路，首先要解决种苗问题。我国近几十年在鱼虾贝藻人工繁殖方面取得的成就，极大地启发和激励了我国广大水蛭养殖领域的科技人员、专家和学者及广大农村水蛭养殖者，齐心协力在短期内获得水蛭人工繁殖技术的突破。水蛭养殖生产中，人工繁殖苗种是关键性环节之一。只有掌握水蛭人工繁殖技术，才能提高产量和经济效益。水蛭人工繁殖工艺流程见图 4–1。

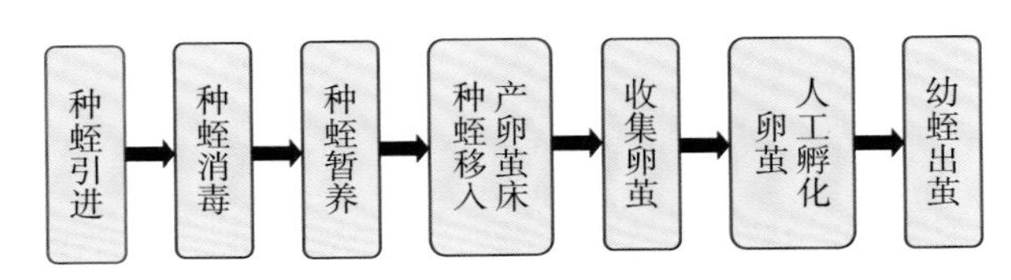

图 4–1　水蛭人工繁殖工艺流程图

二、种蛭引进

（一）种蛭来源

1. 野外捕捞

每年 4 月上旬至 5 月上旬，从天然水域（水流缓慢的小溪、沟渠、坑塘、水田、沼泽、湖畔及温暖湿润的草丛处）捕捞成蛭作为种蛭。我国除西藏与新疆外，其他省、自治区、直辖市均有野生水蛭。可采用人工直接捕捞与引诱捕捞两种方法获得种蛭。

2. 从养殖单位购买

（1）购种季节　水蛭每年春季和秋季各产卵茧 1 次。人工育苗所需的种蛭必须在春季采购，这样育出的苗正好与养殖生产衔接上。人工养殖水蛭首批放苗时间在 5 月中下旬，到 10 月上中旬可收获加工成干品。春季开始环境温度越来高，养殖环境比较好控制，水蛭的饵料也易获得。

（2）购种最佳时间　水蛭在日平均水温 15 ~ 16℃时开始交配。对长江中下游地区来说，春季购种最佳时间段是 3 月底至 4 月，到了 5 月，水蛭会将卵茧产在堤岸泥土中（图 4–2），购回的种蛭就会少产卵茧。根据笔者经验，为了缩短暂养时间，购种蛭的最佳时间应在 4 月 15 日前。其他地区可参考此时间提前或延后购种蛭时间。

图 4–2　吸附在河堤上的水蛭

（二）种蛭挑选

种蛭可从成年水蛭中挑选，要求种龄一致且在 2 年以上，体重 15 ~ 20 克 / 条；以活泼健壮、体躯饱满、体表光滑、有弹性的个体为佳；即放在手心里用手指触碰会立即缩成团（图 4–3）。水蛭是雌雄同体，异体交配。在繁殖季节，水蛭身体前部雌雄生殖孔间都有明显隆起的生殖带（图 4–4），表明已交配，繁殖以后生殖带消失，所以进种时要特别注意，以免误进已繁殖或未达到性成熟的个体。

图 4–3　缩成团的水蛭

1. 背面观；2. 腹面观

图 4–4　生殖带（所指部位淡黄色横带）

（三）种蛭运输

1. 运输方法

目前种蛭运输方法有干运法和水运法。

图 4–5　密眼筛绢网袋装运

（1）干运法　一种是袋运。将种蛭装入 80 目尼龙筛绢网袋中（规格：30 厘米 ×40 厘米），每袋装 5 千克，扎紧袋口，然后放入比袋稍大、两端留有通气孔的塑料泡沫箱中，箱底放少量水草或喷少量水以保持箱内湿润。24 小时内运到，成活率 100％（图 4–5）。

另一种是塑料泡沫箱运。把水蛭直接放入塑料泡沫箱中，留 1/3 空间，箱上口均匀地涂抹一圈（宽度 3 厘米）牙膏，防止水蛭逃跑。最后盖上箱盖，用胶带封好箱口，箱盖上留多个小孔以通气。

（2）湿运法　塑料桶中放少量水，水深 10 厘米左右，直径 30 厘米的桶可装 5 千克左右，桶加盖盖紧扎实，在盖上钻多个小孔以通气。如无盖子，可用 80 目筛绢网布封口，再用粗橡皮筋扎紧网布以防水蛭逃离（图 4–6、图 4–7）。

2. 运输注意事项

运输种蛭一定要选择合适的运输工具，种蛭装运前要用清洁水洗干净再装箱或桶中（图 4–8、图 4–9）。运输时间在 3 小

图 4-6　种蛭塑料桶装运

图 4-7　汽车装运种蛭

图 4-8　水蛭分泌的白色泡沫

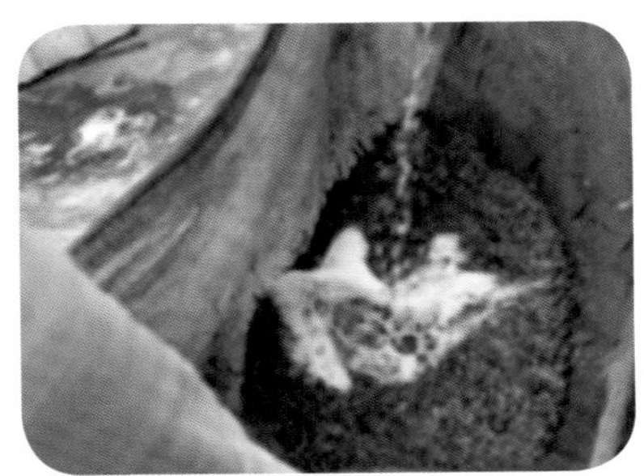

图 4-9　装运前冲洗白色泡沫

时以上，期间要向容器中冲水 1 次，以保持水蛭皮肤的湿润。途中要检查有无水蛭爬出，发现缝隙要及时调整。如果运输距离较近，2 小时内可到达目的地，装运可因陋就简。

（四）种蛭暂养

1. 暂养设施

购得或自然水域捕捞的种蛭运到后都必须放入单独的暂养池中饲养。暂养池可用旧水泥，也可用落地网箱或浮动网箱（50 ~ 60 目）。种蛭入池暂养前 7 天，对暂养池按照常规方法进行清池消毒，待消毒药剂药性消失后才可进种蛭。

2. 种蛭消毒与放养

种蛭放养前要进行消毒处理，以免感染疾病，造成养殖失败。种蛭消毒常采用药浴法：在大塑料方桶（容量为100 ~ 150升）中用10毫克/升漂白粉溶液浸洗5 ~ 10分钟（水温15 ~ 25℃）或在3% ~ 5%食盐溶液浸洗5分钟。在消毒过程中应注意观察水蛭是否有异常状况如激烈挣扎外逃。消毒后将种蛭放入暂养池（网箱）中饲养。一般放养密度为2.5 ~ 3千克/米^2。

3. 暂养期管理

（1）暂养早期管理 暂养时间的长短完全取决于进池时间早晚。如果种蛭进池早，则暂养时间就长；相反进池时间迟，则暂养时间就短。不过暂养结束时间最迟不可超过4月30日。种蛭进暂养池后，要连续仔细观察4 ~ 5天，如水蛭无死亡，也未出现厌食、发蔫、体色变暗、失去光泽和弹性等现象，确认无病态后，便可转入正常的饲养阶段。

（2）日常饲养管理 水蛭在暂养期间完成交配。水蛭交配时间受早晚水温影响。一般情况下，3 ~ 4月水温稳定在14℃以后，水蛭开始正式交配。我国幅员辽阔，各地水蛭交配时间不一致。在长江流域水蛭交配时间开始于3月中下旬，华北地区在4月中下旬至5月初。水蛭在交配期消耗能量较大，采食较旺盛，因此暂养期必须经常投喂螺蛳。一般每50千克水蛭每周投喂螺蛳5 ~ 6千克。此期防病工作也不可忽视，每7 ~ 10天用0.2%食盐溶液或0.8 ~ 2毫克/升漂白粉溶液全池泼洒消毒1次。发现患病水蛭要立即隔离治疗，以免传染。

三、水蛭产卵

（一）产卵茧床

水蛭产卵必须在产卵茧床（又称繁殖台）完成。因此，要根据水蛭产卵茧习性，构建合格的产卵茧床，使水蛭顺利产下卵茧，且产出的卵茧数量多、质量好。

1. 产卵茧床条件

产卵茧床必须选择比较松软的土壤，土壤含水量在35%～40%（用手一捏可成块，轻轻晃动即可散开）。

2. 产卵茧床

目前各地产卵茧床主要有6种。

（1）水泥养成池产卵茧床　适合产卵茧的土壤堆放在水泥养成池底部，土壤堆高25～30厘米、宽120厘米，长度不限。下雨时产卵茧床要防雨，晴天要遮光。在土壤干燥时要洒水，保持合适含水量（图4–10）。

图4–10　水泥养成池产卵茧床覆盖稻草保温保湿

（2）露天畦式产卵茧床　在水稻田里可建露天畦式产卵茧床（图 4–11）。先把土壤翻松、整平，再筑畦。畦高 50 ~ 60 厘米、宽 120 厘米，畦与畦间开排水沟，沟宽 60 ~ 70 厘米、深 50 ~ 60 厘米。沟中水深保持 20 厘米，不能忽高忽低，始终让畦露出水面 30 厘米左右。不管晴天还是雨天均在畦上覆盖稻草，以遮阳或防止雨水冲洗，保持合适的土壤含水量。池上空必须装防鸟网。

图 4–11　露天畦式产卵茧床

（3）旧鱼池改建的畦式产卵茧床　旧鱼池经修补漏洞、清洗消毒后，可改建成产卵茧床（图 4–12）。如 3 米宽的旧鱼池，可建畦 2 条（畦宽 120 厘米、高 35 厘米）、排水沟 3 条（沟宽 20 厘米、长不限）。投放种蛭前进水 10 厘米深。排水口插上 PVC 管直角弯头以调节沟中水位。如畦土温度低，可覆盖稻草保温。

图 4–12　旧鱼池改建的产卵茧床

（4）露天落地网箱畦式产卵茧床　见图 4–13。利用闲置稻田松土后即可建畦，畦与畦间距 30 厘米，畦宽 120 厘米，畦与畦间挖沟，沟宽25厘米左右，挖出的土用于加高畦。畦必须平整，每畦四周设置防逃网，防逃网用宽1.5米的60目或50目聚氯乙烯网片制作。防逃网紧贴畦四周，网下端埋入地下40厘米，与畦底形成一个倒“L”形，上方向内折成直角作为防逃檐，檐宽20厘米，防逃网高出田畦面60厘米左右，田畦四周每间隔1.5米立1根竹竿或木条，并用铁丝固定防逃网。为防阳光与雨水，畦上面要覆盖稻草。

图4-13 露天落地网箱畦式产卵茧床

（5）简易产卵茧床 如果养殖规模不大，可利用自留地建简易产卵茧床（图4-14）。方法是把土翻到一边，平整后铺下宽2米、长不限的80目网箱，网箱固定在立桩上，然后在箱内铺上厚35厘米的土壤，分成2行畦，中间留沟，沟低于畦网底20厘米，以便雨天排水，平时可以留水深20～25厘米。下雨天畦上要遮盖防雨，但不要遮盖过严密，否则卵茧会因缺氧而窒息死亡。

图4-14 简易产卵茧床

图 4-15　塑料大棚畦式产卵茧床

（6）塑料大棚产卵茧床　见图 4-15。其管理基本上与露天畦式产卵茧床相同，不同的是暂养池在大棚内，采光蓄热和保温性良好，不受风雨影响；缺点是要勤洒水，否则土壤易结块，难采茧。

（二）种蛭移入产卵茧床

1. 进床时间

水蛭属卵生动物，发育成熟的水蛭经交配后约 1 个月开始产卵茧，此时平均气温在 20℃左右，浙江地区在 4 月下旬至 5 月下旬。因此，当暂养池水温上升到 18℃时，必须把种蛭捕起移入产卵茧床，过迟会降低卵茧产量。

2. 移入方法

移种时产卵床沟中蓄水，蓄水量以产卵茧床高出水面 25 ~ 30 厘米为宜。放种时把种蛭放到产卵床四周阴凉潮湿的地方，让其自然钻入土壤中或爬入水沟里（图 4-16、图 4-17）。每平方米产卵茧床投种蛭 2 ~ 2.5 千克。

（三）产卵茧床的管理

1. 投饵

为了使种蛭产卵茧时有足够的能量，要在产卵茧床沟中投些螺蛳以供其食用。

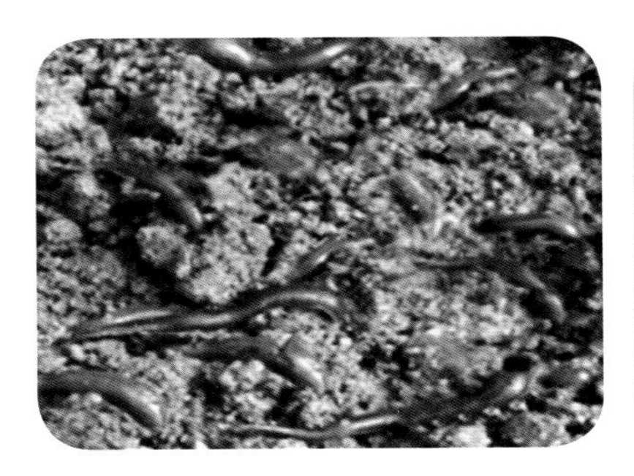

图 4–16　刚移入的种蛭在土壤表面

图 4–17　种蛭正在钻入土壤

2. 定时测量繁殖台泥温

为了掌握收集卵茧时间，每天上午 8 时和下午 2 时各测量 1 次泥温，并做好记录。

3. 观察繁殖台土壤含水量

根据种蛭筑茧与产卵对土壤含水量要求，需要正确掌握土壤含水量。如土壤干燥，要及时喷洒适量的水（图 4–18）。若是室外产卵茧床，暴雨淹没畦面应在3天内排干水，否则茧内幼体会窒息死亡。

图 4–18　洒水保湿

4. 保持产卵茧床周围环境安静

产卵期间，应尽量保持环境安静，避免干扰水蛭筑茧，否则会出现空茧。孵化期间，更不能在产卵茧床上走动，以免踩破卵茧。

5. 坚持巡视产卵茧床

产卵茧后的水蛭有时会爬到产卵茧床边缘，体质差的水蛭会死亡，应及时收集起来加工；对体弱的水蛭，要集中暂养；

对于活泼健康的水蛭，应放回产卵茧床，让其钻入泥土中继续产卵茧。如果产卵茧床是水泥底面，相邻产卵茧床之间的畦沟应有积水，这样从泥中爬出的水蛭不会干燥而死，也会保证产卵茧床的湿度。

（四）产卵茧的过程

1. 筑穴道

种蛭进入产卵茧床后，会慢慢钻入松软潮湿的泥土中，接着向上方钻成一个斜行的或垂直的穴道。穴道宽 1 厘左右，长 5 ~ 6 厘米，且有 2 ~ 4 个分叉道。

2. 产卵与卵茧形成

水蛭前端朝上吸在穴道中，环节部分分泌一种稀薄的黏液，夹杂空气形成泡沫状物体。然后再分泌另一种黏液，构成一层卵茧壁。卵自雌性生殖孔排出，落在茧壁和蛭体之间的空腔内，水蛭再分泌一种蛋白液于茧内，接着慢慢向后蠕动退出，同时由前吸盘腺体分泌液形成栓塞住茧前后两端的开孔。水蛭倒退出茧约需 30 分钟。

卵茧产在泥中数小时后，颜色由刚产出时的白色泡沫球状（图 4–19 ~ 图 4–21），逐渐转变成粉红色（图 4–22），接着又变成紫色，最后随着茧壁慢慢变硬，形成软木色的蜂窝状球体，此茧可以收集进行孵化。在正常气候条件下，产茧过程共经历 7 天左右。

水蛭人工繁殖的卵茧产量、质量、个体大小与种蛭质量等因素有关。一般个体大、健康的种蛭 1 条至少产茧 1 个，同一水蛭产的茧大小相差很大，第一次产的茧大，最后产的茧小；

图 4-19　刚产的卵茧白色泡状物还未消失

图 4-20　刚褪去白色的卵茧

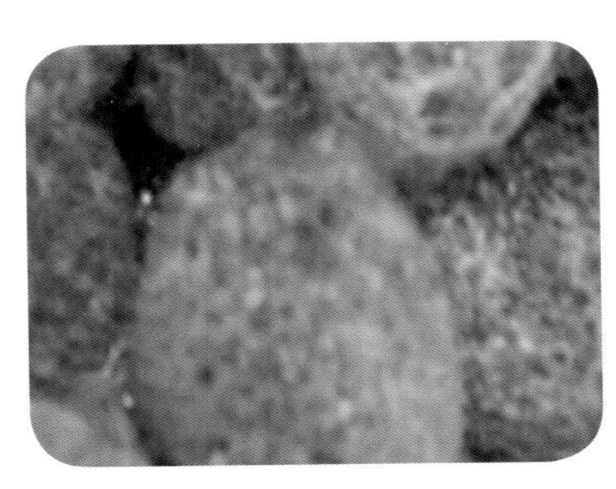

图 4-21　白色有些褪去的卵茧

图 4-22　粉红色卵茧

青年蛭，健康、个体大的种蛭所产卵茧个体也大。卵茧为椭圆形，呈海绵状，平均大小一般为（22 ~ 33）毫米 ×（15 ~ 24）毫米，每个卵茧平均重量为 1.1 ~ 1.7 克。

四、水蛭卵茧的孵化

（一）收集卵茧

由于所有种蛭产卵茧并不同步，所以不能见到有种蛭产卵茧就马上收集卵茧。在正常气候条件下，种蛭首次产卵茧时间是钻入产卵茧床泥中1周左右后。一般收2次卵茧，第一次为种蛭移入产卵茧床后20天左右；第二次为种蛭移入产卵茧床后30天左右。

收集卵茧操作要小心、仔细，不要损坏卵茧。用铁锹从产卵茧床底部有序地把泥翻起，从泥中拣出卵茧（图4–23、图4–24），小心地放入容器中待孵化。如卵茧收集有遗漏，在适宜环境条件下，卵茧也会孵出幼蛭，而且幼蛭活力尚可。

图4–23　水泥养成池产卵床收集卵茧

图4–24　露天畦式产卵床上收集卵茧

（二）卵茧室内人工孵化

在专用的孵化室内，通过人工控制温度和湿度，可创造最佳的孵化环境，同时避免了天敌的侵袭，使水蛭卵茧的孵化率大大提高。

1. 孵化土准备

卵茧在进箱孵化前要准备好孵化土。但是孵化土准备不要太早，否则易发霉变质，一般在卵茧孵化前7天准备好即可。

孵化土要经过消毒处理，不然卵茧孵化率低。消毒处理方法：将从稻田挖取的土壤经过蒸煮处理（100℃ 10 分钟）或用漂白粉消毒（每 100 千克土壤用 1 千克，化水泼洒消毒）后晒干至发白，用人工或机器轧成细粒，再筛选细粒贮藏待用（粒度以米筛能通过为宜）。贮存时袋口不要封闭（图 4–25）。

图 4–25　摊晒孵化土

2. 孵化容器

塑料桶、塑料泡沫箱等都可作为孵化用具，清洗干净后在日光下晒干待用。

3. 卵茧入箱

（1）选卵茧　将从产卵茧床土中取出的卵茧进行适当挑选，剔除破茧，再按照大小、老嫩分开进箱（图 4–26）。

（2）摆卵茧　孵化箱的底部先铺一层孵化土，厚度为 1 ~ 1.5 厘米，然后将卵茧较尖的一端朝上整齐地摆放在孵化土上，摆放好后在其上再盖一层 1.5 ~ 2

图 4–26　卵茧入箱

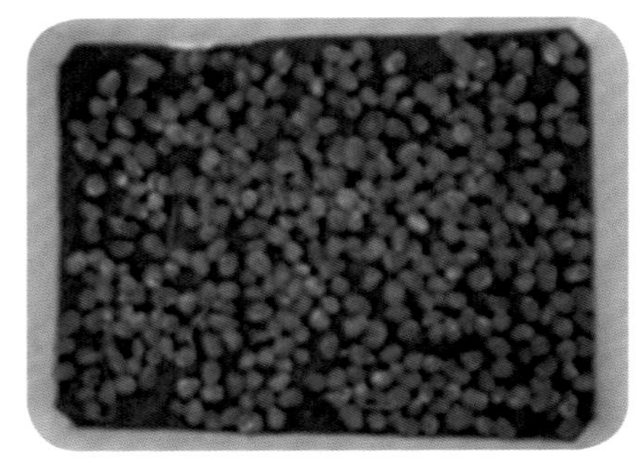
图 4–27　卵茧装箱后待进孵化室

厘米厚的孵化土，孵化土上再盖一层保湿纯棉纱布或棉布等，以保持湿度（图 4–27）。也有人认为在卵茧上不必盖孵化土，勤洒水即可。为防止幼蛭逃跑，在孵化容器上加盖一层 60 目的尼龙筛绢网，最后用塑料薄膜包裹且略通气（留小缝隙或戳孔），以防止孵化器内的水分蒸发和缺氧。

4. 孵化

卵茧孵化可在室内，也可在室外，养殖户可以根据自己的条件灵活采用。

（1）室外孵化　利用畦式土池养蛭池进行水蛭卵茧的室外自然孵化，是一种较好的水蛭卵茧孵化方法。水蛭产卵茧后经过 1 周时间，恢复了体力，开始从泥中爬出，进入畦间水沟中寻食。这时产在畦泥中的卵茧就开始自然孵化了。温度在 20℃左右，卵茧孵化时间需 20 天；如果自然条件恶劣，不但卵茧孵化时间延长，而且有可能孵不出幼蛭。卵茧孵化对畦泥含水量有一定要求，一般最适含水量在 30% ~ 40%，含水量过大或过小都不利于卵茧的孵化，甚至孵不出幼蛭。此外，自然条件下水蛭天敌较多，如鼠类会危害幼蛭，这些都会影响卵茧的孵化率。

5 月底至 6 月初为孵化初期阶段，孵化量占总量的 20% ~ 30%；6 月中旬为孵化盛期阶段，孵化量占总量的 40% ~ 50%，孵化时间为 30 天；6 月下旬，大多数卵茧均已孵化，孵化量占总量的 10% ~ 20%。

在孵化期间，如果繁殖台（畦泥）上的草量少或分布不均，可用湿润的稻草、麦秸等覆盖。沟中水位要相对稳定。

（2）室内孵化　把摆好卵茧的孵化箱集中放到室外简易塑料大棚内或室内孵化室（图 4-28 ~ 图 4-30）。

图 4-28　室外简易塑料大棚孵化卵茧

图 4-29　装箱卵茧已进孵化室

图 4-30　装箱卵茧覆盖尼龙筛绢网

5. 卵茧孵化注意事项

（1）保证湿度　在孵化过程中，孵化土含水量控制在 30% ~ 40%，孵化室内空气相对湿度应保持在 70% ~ 80%，过高或过低都不利于卵茧的孵化。如果发现箱内孵化土含水量过低，可用喷雾器进行喷水；含水量过高，可用棉布或毛巾覆盖在孵化土上吸去多余水分。

（2）注意孵化室温度　室内自然温度应控制在 20 ~ 23℃，室温过高要打开门户或窗户通风，室温过低要紧闭门窗。

（3）不要随意搬迁孵化箱　搬迁不当会损坏卵茧，造成卵茧内的幼体窒息死亡。

卵茧孵化期间，各孵化箱中幼蛭出茧不同步，先后要差 1 周左右。因此，孵化后期要经常检查孵化箱中是否有幼蛭出茧（图 4-31），一旦发现应及时将孵化箱移出放养幼蛭。如果推迟 1 ~ 2 天，箱内幼蛭会向外逃跑很难收集。

图 4-31　箱内卵茧已出幼蛭

（4）及时收集幼蛭　从卵茧里爬出来的幼蛭已有一定的活力，会到处乱爬，要及时收集。利用水蛭有趋水习性，在孵化土上盖一块湿毛巾，幼蛭会集中在那里，每天收毛巾 1 次。

五、幼水蛭放养

幼蛭孵出后，不能把幼蛭直接放入养成池中养殖，而应放入精养池中的网箱或大塑料桶中强化喂养1个月后再转入青年蛭池中养殖，否则幼蛭的成活率很低，最终影响全年产量。

（一）精养池要求

1. 建造精养池

应优选场里条件最好的地段作为幼蛭培育池，池建成后不应漏水，网箱设置在池中水深60厘米处。池塘对角设进排水口。池建在塑料薄膜大棚内，棚顶覆盖遮阳网，以防直射光入池。精养池东西长，南北短，宽5～6米，长12～14米。池内设置幼蛭期网箱，箱体用80目网片制作。网箱规格不能太大，否则会给管理、操作等带来不便，一般以3米×2米或4米×2米为宜，高度为1米；上口设檐，檐宽15厘米，箱檐一边连接箱上口，另一边再成直角下垂20厘米以防逃（图4–32）。

图4–32　防逃檐

网箱布置在幼蛭培育池中，用固定桩固定，桩间距为1米。为防止箱底上浮，需用适量泥袋作网箱压底，箱内水面放一些浮性水草或空心菜，约占网箱养殖水面的40%，供水蛭栖息和夏季降温。小规模养蛭场，幼蛭需要量少，可放入大塑料盆或桶中强化喂养，必须注意盆和桶边要加防逃檐。

2. 清池消毒与网箱内水质培养

幼蛭进箱前10～15天，晒坪整池底，清除有害生物及天敌，然后再向池中进水5～10厘米，每平方米用10～15克漂白粉全池泼洒消毒，4～5天后，放干池中积水，再冲洗1次。然后将发酵好的牛粪或鸡粪按每平方米0.3千克定点堆放在幼蛭网箱底部，并覆盖泥土20厘米厚，或用5千克装的米袋（蛇皮袋）装牛粪2.5千克放入网箱底部，为使袋中肥料缓缓释放入水中，可在袋上任意挖几个小孔洞。最后精养池中放进无污染的新水20～30厘米深，用来培养水蚤、草履虫等浮游生物（图4–33、图4–34）。投放幼蛭前几天，网箱水深要达到40厘米左右。进水时要用80目筛绢网过滤，以防天敌及有害生物混入。

3. 适时放置水草

水草不可放入太早，一般在幼蛭入池5～6天，已开始投喂开口饵料后，再在网箱内放置适量的水葫芦或水浮莲等供幼蛭休息。

（二）培育管理

1. 挑选卵茧

在采集卵茧时要十分小心，不要用力挖取，否则会破坏卵茧内的胚胎。优质卵茧个体大、色泽光润、体态饱满、出气孔明显。劣质卵茧体小、色泽暗淡、外形不饱满、出气孔不明显。无论卵茧是自场繁殖、采集野生，还是购买，在入箱孵化时应区分茧形、大小和颜色，分别放入不同的孵化箱。

2. 检查临产茧

卵茧孵化时如果孵化房控制温度在 20 ～ 23℃，空气相对湿度在 70%左右，大约经 25 天幼蛭即可出茧（图 4–33）。要做到幼蛭及时下水，就要掌握如何识别临产茧。最简单的识别方法是将卵茧拿起来，对着光照观察，如果茧内有很多幼蛭在蠕动，并已变成褐色，这就表示幼蛭即将出茧。如果这时不把临产茧放入池中网箱内，幼蛭将会逃跑，从而降低幼蛭的产量。

图 4–33　孵化箱内卵茧即将放幼

3. 临产茧及时进网箱

（1）临产茧消毒　把临产茧从孵化箱中取出放入消毒药液中，或直接在孵化箱中加入消毒药液。消毒药应选用低毒的药品，不可采用国家禁止使用的药物。药液浓度计算正确，如用漂白粉溶液消毒，配制浓度为 8 ～ 10 毫克 / 升，水温 15 ～ 25℃，浸洗 5 ～ 10 分钟。

（2）临产茧去除残留药剂　把消毒后的临产茧捞出放入盛有清水的容器中，用小棒轻轻搅拌几下，去除茧上的残留药剂，3 ～ 5 分钟后捞出，以免残留药剂危害茧内幼蛭。

（3）临产茧进培育网箱　用大塑料桶或盆也可以，把临产茧捞入多孔的塑料篮里（图 4–34），篮孔要大些，以便让幼蛭顺利通过，茧上再盖一些青草。然后把篮子放在网箱内浮在水面的塑料泡沫板上。塑料泡沫板的规格以长 25 厘米、宽

25 ~ 30 厘米、厚 20 毫米为宜。

塑料泡沫板大小要适当，过大，幼蛭从出茧到入水时间过长，在空气中暴露过久，体表干燥易患病；过小，茧篮会翻倒。有的把卵茧直接放在塑料泡沫板上，让茧中爬出的幼蛭掉在板上，然后再爬入水中（图 4–35）。

图 4–34　临产茧

图 4–35　放在泡沫塑料板上的临产茧

图 4–36　卵茧孵化箱移入网箱放幼

有时候遇到天气突变，孵化室内温度持续在 23℃以上，可以提前将孵化箱从室内移到幼蛭培育网箱中，让出茧的幼蛭自己爬入水中或人工辅助入水（图 4–36）。

进茧量决定每平方米水面（网箱水深 40 ~ 50 厘米）的幼蛭密度。实践中，幼蛭放养密度一般为每平方米 3000 ~ 3500 条（刚出茧的幼蛭规格为

50 ~ 60 条/克）。1 个 8 平方米的网箱放养幼蛭 24 000 ~ 28 000 条，每粒茧内平均有幼蛭 15 条。所以每个网箱可放进临产茧 1 600 ~ 1 800 粒。

（4）临产茧进入网箱后的饲养管理 临产茧进箱前，箱内水体已经过培养，会有一定量的活饵料，但是由于幼蛭刚出茧，活动能力弱，不一定能找到活饵料。研究表明，幼蛭只要在 15 天内食入开口料，即使在以后的 2 个月内不进食也不会死亡，但是没有进食的幼蛭不会长大。所以养蛭者要加强临产茧进箱后的管理工作。首先，要在盛茧篮周围塑料泡沫板上放几十粒敲碎的螺蛳，便于幼蛭一出茧就能吸食到合适的开口饵料。有的养殖户在幼蛭一下水便用活的小河蚌、小螺蛳进行饲养，这是错误的。因为河蚌、螺蛳喜欢生活在池底的淤泥中，而幼蛭多数不会到深水区，即使深入到池底，也会被河蚌和螺蛳夹伤或夹死。注意，螺蛳要保证新鲜、清洁。每天要更换螺蛳肉，并保持塑料泡沫板清洁卫生。每天 8 时 30 分前在篮子上面喷水，保持临产茧湿润。盖在卵茧上面的青草也要及时更新。桶养幼蛭比较简单，把盛有茧的容器挂在桶边即可（图 4–37）。

图 4–37 桶养幼蛭

（5）幼蛭下水后的饲养管理 幼蛭下水前精养池水温要保持在 20 ~ 25℃，过高或过低对其生长不利。茧篮在水面漂浮 4 ~ 5 天后，茧内幼蛭陆续从茧的较尖一端爬出，幼蛭出茧下

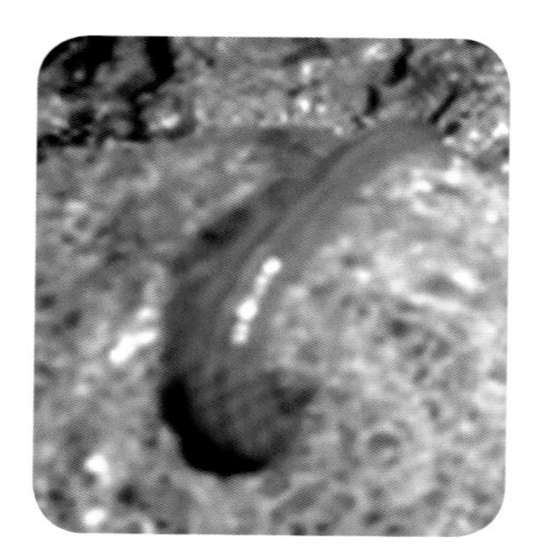

图 4–38　初孵出的幼蛭

水后，可将茧篮和塑料泡沫板一起撤出。为防止茧内还有幼蛭未出茧，可把所有茧收集到塑料泡沫箱内，箱中装一些水，悬挂在网箱内水面上空，出茧的幼蛭会掉入水里。初孵出的幼蛭呈软木色（图 4–38），下水 15 天后，幼蛭颜色逐渐变为深紫色。在幼蛭入水 15 天内用敲碎的新鲜冰螺蛳投喂，冰冻螺蛳解冻后，除去厣后投喂，幼蛭即会钻入螺蛳壳内取食；15 天后逐渐改投小的活螺蛳。在精养过程中，饵料的投喂要严格按照“四定”原则，螺蛳要洗净、清洁。按一般大小螺蛳测算，1 千克螺蛳为 1 000 粒，精养网箱每平方米底面积每天投喂螺蛳 250 克。塑料圆桶（50 千克装）精养幼蛭 160 条左右，幼蛭入水第 1 天起投喂敲碎的螺蛳 15 ~ 16 粒，第五天起每天投 20 粒，第 10 天起每天投 25 粒，第 20 天起每天投 30 粒，第 25 天起每天投 30 粒。快转池时投饵量一般要达到幼蛭体重的 10% ~ 15%。

鉴别幼蛭的质量，只要拿起小水蛭，看它肚子里有没有食物就知道了，肚中有食物、能采食就是好苗。水蛭摄食量较大，正常情况下，每条水蛭从幼蛭养到成体需螺蛳约 40 粒（40 克）。

（三）幼蛭移出网箱

每年上半年种蛭人工繁殖产出的卵茧可分两批收获、孵化。因此，培育出的幼蛭可分两批出箱。一般 4 月 15 日前进种蛭，5月上旬，收获首批卵茧，经过20余天孵化成为临产茧。5月底或6月上旬，收获第二批卵茧。

临产茧转移到精养池的网箱后，茧中幼蛭会在几天内很快出茧入水，幼蛭在精养池网箱中饲养1个月左右，6月底至7月初可转移出精养池网箱，这时幼蛭个体已长到2 ~ 4厘米，体重400 ~ 600条/千克。从幼蛭出茧入水到移出精养池网箱，一般成活率达到95%。幼蛭出箱，转入青年蛭或成蛭养殖。经过精养的幼蛭养成青年蛭成活率相当高，可达70% ~ 80%。幼蛭移出培育网箱的方法很多。比较简便的方法是利用塑料泡沫板或塑料薄膜转移。

把塑料泡沫板或较厚的塑料薄膜（厚0.2毫米）涂上一层薄泥，也可用棉布放在幼蛭要转移的培育网箱内，几天后幼蛭会吸附在其上（图4-39），一同转移到青年蛭养殖池中，用鹅毛把幼蛭轻轻刷落于新池水中。幼蛭转移以阴天为宜，炎热天气不可进行，一天中以早上或下午3时后为宜，操作要小心细致，否会降低幼蛭成活率。

图4-39　孵出的幼蛭吸附在孵化箱棉布上

第五章　水蛭养殖主要模式

一、水蛭养殖模式种类与选择

（一）养殖模式种类

目前水蛭养殖模式可分两类：野外粗放型养殖和集约化养殖。

1. 野外粗放型养殖

该模式是通过圈定养殖水面后加以保护而获得产品的一种养殖模式。

主要有水库养殖、池塘养殖、湖泊养殖、河道养殖、稻田养殖、沼泽地养殖、洼地养殖等方式。一是养殖面积大，投入少，产量低，经济收益不大。二是防逃、防敌害、控制水位等管理难度大，由此造成项目投入风险也大。

2. 集约化养殖

该模式又称集约化精养，是通过人工建池、投喂饲料、精心管理等措施而获得产品的一种养殖模式。

（1）方式　主要有鱼塘式养殖、场区养殖、室内养殖、庭院养殖、工厂化恒温养殖等。

（2）特点　自然饵料丰富；养殖池水体颜色呈季节性变化；水质易变质；水体 pH 值变化大。

（二）养殖模式选择

选择何种养殖模式，主要考虑以下几点：

1. 养殖时间和养殖水平

对技术过关的老养殖户来说，则可考虑建高标准的养殖池，进行工厂化养殖。

2. 项目资金来源

如资金短缺，可考虑粗放养殖；如资金实力雄厚，可采用集约化养殖。

3. 环境条件

环境条件好，可实施集约化养殖；反之，环境条件差，就采用野外粗放养殖。

二、水蛭水泥池养殖

水泥池养殖水蛭优点是起捕容易，管理及防病方面也较方便，养殖密度略高于其他模式。缺点是投资大，造价高，一般养殖户很难承受。此外，由于水底净化和分解能力很差，水易变质，影响水蛭生长；新水泥池短期内脱碱不净，水蛭死亡率较高。

（一）养殖池要求

1. 建池

水泥池有地下式和半地下式，极少有地上式（图 5-1、

图 5-2）。在背风向阳、靠近水源、周围安静、没有高大树木或房屋遮挡阳光的地方建池。池子东西走向，长方形。池壁现浇或用砖、块石、水泥泥浆砌成，水泥抹面，池壁要求不光滑、粗糙，以防水蛭外逃。地面以上高 10 ~ 30 厘米，壁顶用砖横砌成倒“L”形檐。池底用水泥浆浇成，略向出水口倾斜。池长不限，以 40 米左右为宜，宽 3 ~ 4 米，深 0.8 ~ 1 米。建池时要安排好进、排水和溢水管道的位置（图 5-3）。排水和排污管口都要安装防逃网（图 5-4）。池面上设钢管

图 5-1　半地下式水泥池

图 5-2　半地下式水泥池全景

图 5-3　进水管

图 5-4　排水管防逃网

塑料薄膜大棚，在塑料薄膜上面再覆盖一层遮阳网，既防雨又遮阳。

2. 水泥池处理

旧的水泥池在使用前要进行检查，有破损、漏水的要修补，并进行消毒后方可使用。新池可使池水中溶解氧的含量迅速下降、pH 值上升，呈较强的碱性，并形成过多的碳酸钙等沉淀物，直接放养水蛭会大量死亡。所以必须对新池进行脱碱处理，并经试水确认安全后方可使用。脱碱方法很多，最简单的方法是将水泥池放满水，然后投放 100 ~ 150 千克稻草，浸泡 20 天左右后，排出老水，放入新水，再浸泡 1 周，排出水后即可使用。此法脱碱处理时间较长。新建的水泥池如急于使用，可用一些酸性物质浸泡即可快速脱碱，方法见表 5-1。

表 5-1　药品脱碱法

脱碱药品	使用量（克 / 米^3）	浸泡时间（天）	使用方法
食用醋	500	2	水泥池注满水，然后按剂量投入药品，浸泡足够时间后将池水放掉，刷净池，再冲洗几次后即可使用
过磷酸钙	1000	2	
酸性磷酸钠	20	2	
磷酸	250	2	
冰醋酸	10 ~ 20 毫升	2	

3. 池内设施

根据水蛭的生活习性，光滑的水泥底不适宜其生长，必须做适当的处理。

（1）池底放置水蛭栖息物　水泥池底放些石头、旧水泥砖瓦片等供水蛭栖息。

（2）池内种植水草　种植轮叶黑藻、金鱼藻、浮萍、凤眼莲等，注意浮水、挺水性的植物适当搭配，以利于水蛭的栖息和供应饵料生物。池面放养占 1/5 水面的水葫芦，再放一些毛竹梢及大毛竹漂浮于水面。

图 5–5　浮萍

图 5–6　水蛭栖息在水浮莲须根中

（二）苗种放养

放养水蛭时，水深控制在 25 厘米左右。放养蛭苗之前应剔除残伤、畸形、杂种、病态苗。放养幼蛭体长 2 厘米左右，每平方米放养 70 ~ 100 条。初养者最好放养 2 个月龄以上的健康水蛭作种苗，成功率较高。注意水泥池不适宜进行水蛭自然繁殖，因此不能投放种蛭。

（三）日常管理工作

1. 投饵

投喂饵料种类和投喂方法与池塘养殖大同小异，可参考有关内容。

2. 水质控制

水泥池由于缺乏底泥的自净作用，因此入池的水必须优质。水质控制应做好以下两项工作：

其一，调节水质。要求水质肥爽清新，每 2 ~ 3 天换水 1 次。如果能做到微流水更好。

其二，定期泼洒生物制剂。常用的有光合细菌、芽孢杆菌、EM 原露等，这些微生物可将水体或池底沉淀物中的有机物、氨氮、亚硝态氮分解吸收，转化为有益或无害物质，从而达到改良、净化水质和底质环境的目的。

3. 水温控制

水温最好控制在 15 ~ 30℃，10℃以下水蛭停食，35℃以上影响水蛭的生长。当 7 ~ 8 月份较高温度时，可以在水面上放养些浮萍、水葫芦等以遮阴。

（四）收获

水泥池养殖水蛭优点之一是收获比较方便，排干池水即可下池捕捞（图 5–7）。

图 5–7　人工收获水蛭

三、水蛭土池养殖

（一）养殖池要求

1. 建池

土池建在靠近水源、土质坚实又不漏水的地方。一般建成地下池，池壁和池底不用砖和石，只要夯实即可。面积可大可小，一般为 100 平方米左右（图 5–8）。

图 5–8　土池养水蛭

2. 进排水管设置

进排水口在池中呈对角线排列，进水

口高于水面，排水口设在水底，即泥表层 0.3 米下。用 PVC 管组装排水系统方法：埋入 1 条管径 100 ~ 200 毫米，长度以坝外面一端伸到排水渠，另一端伸到防逃网外面的 PVC 管。在防逃网外面的一端接上一只弯头，弯头口垂直向上，取 1 条管径 100 ~ 200 毫米、长约 0.6 米的 PVC 管（内管）插入弯头里，在管子的上管口打竖眼（距管口约 0.5 米），以便排出养殖池的表层污水。再取 1 条管径 150 ~ 250 毫米、长约 0.8 米的 PVC 管（外管），排上层水时拔外管（图 5–9）。进排水口都要安装尼龙网防逃。池壁坡度要小，池底夯实后铺 20 ~ 30 厘米水草栽培基质。如有经济条件，可在池底先铺一层油毛毡，再在池底及池周铺一层塑料薄膜，四周缝隙堵实。在塑料薄膜上面铺

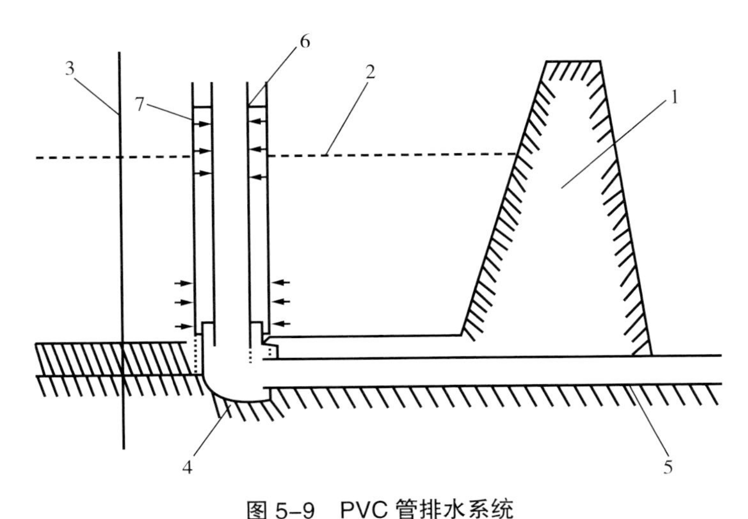

图 5–9　PVC 管排水系统

1. 池堤　2. 水面　3. 防逃网　4. 弯头　5. 排水管
6. 排水内管　7. 排水外管

上 20 ～ 30 厘米厚的水草栽培基质，以利于水生植物的生长。

3. 设置防逃网

水蛭的攀爬和逃跑能力极强。因此防逃工作是水蛭养殖中一项非常重要的环节。用 60 目塑料筛绢网片做防逃网。防逃网应设置在池埂岸外 30 厘米处。每隔 3 米左右深插（插入泥中 50 ～ 60 厘米）1 根长 1.5 ～ 1.8 米的竹竿或木杆，竹竿或木杆之间用直径 4 ～ 5 毫米的聚乙烯绳连接并拉紧。竹竿露出一端垂直钉上 1 根长 30 厘米的竹竿或木杆，构成倒“L”形，网的下缘埋入堤坝基地下 20 ～ 30 厘米，上缘要缝在 4 毫米左右的聚乙烯绳上，向池内折成宽 30 厘米、夹角 90 度，用直径 2 ～ 3 毫米的塑料绳绑扎固定在木架上或竹架上，其中 15 厘米长聚乙烯网自由下垂。

（二）放养前池塘准备

1. 清池消毒

池建成后要清池消毒，先灌水冲洗浸泡数天，然后再排干水，进行常规消毒，水蛭放养前灌进清水培养水质（图 5–10）。

2. 池内种植水草

水草能净化水质，降低水体肥度，提高池水的透明度，同时可供水蛭休息、交配、遮阳避暑等。种植的水草有小浮萍、苦草、眼子菜、轮叶黑藻、金鱼草、凤眼莲、睡莲、水花生等（图 5–11、图 5–12、图 5–13）。注意搭配适当的浮水、挺水性植物及某些陆生草类，以利于水蛭的栖息附着和供应水蛭的饵料生物。水草种植面积以不超过池塘总面积的 1/3 为宜，种植要分散，不可集中。水草生长过盛也不好，要适时清除。

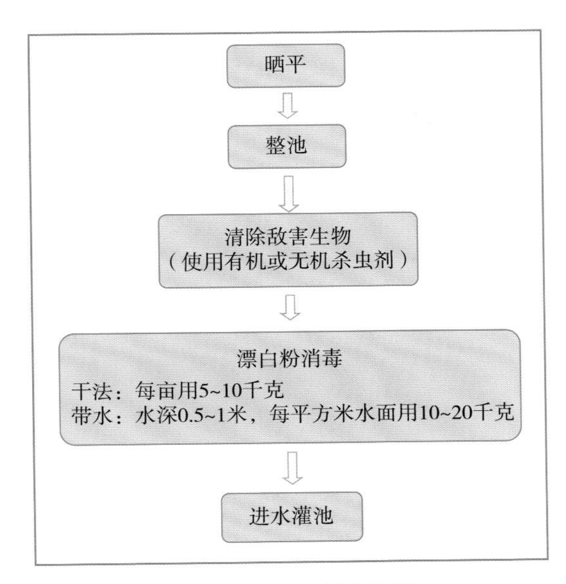

图 5-10　土池清池流程

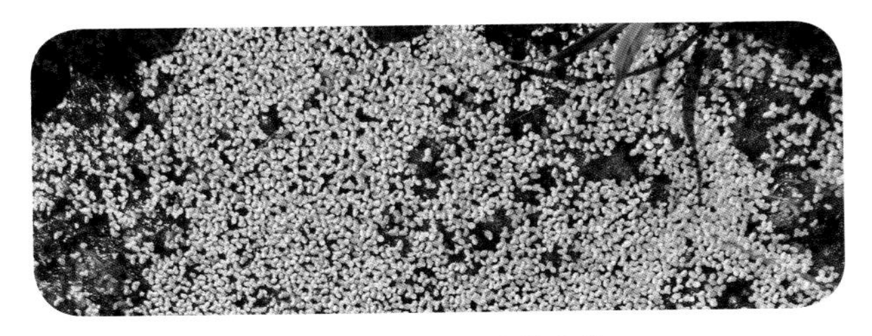

图 5-11　小浮萍等水草

图 5-12　金鱼草

图 5-13　睡莲

3. 池周围种植遮阳植物

在池的四周栽植葡萄，池顶上搭葡萄架，布设遮阳网以遮阳防晒。

4. 进水与施肥

流程见图 5–14。

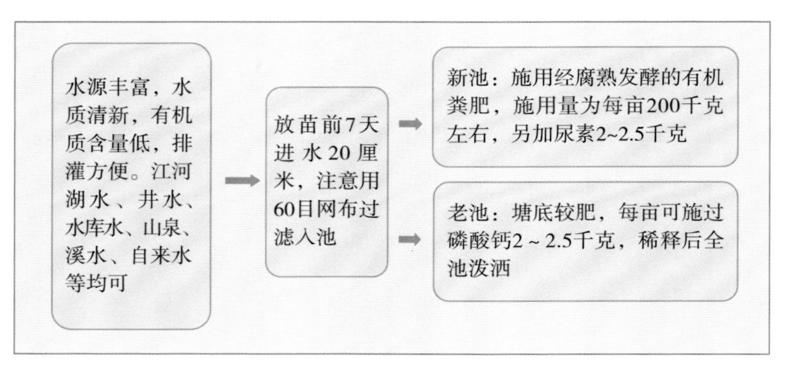

图 5–14　进水与施肥培养水质流程

5. 投放螺蛳与河蚌

螺蛳和河蚌既可作为水蛭的优质饵料，又是水蛭的寄主。因此，在水蛭放养前必须先放养螺蛳和河蚌。投放螺蛳和河蚌要注意以下几点：一是投放时间在清明节前；二是投放要均匀，均布于池塘每一角落；三是螺蚌投放后的 10 天内不要施化肥培养水质。

（三）水蛭放养

1. 放养模式

见图 5–15。

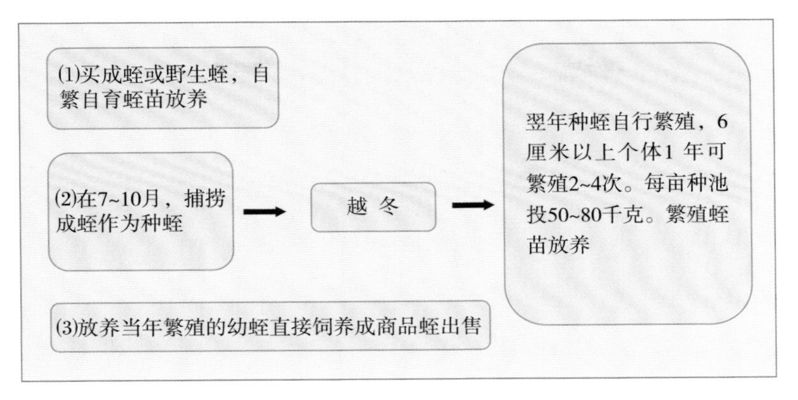

图 5-15　水蛭放养模式

2. 种蛭或幼蛭放养

（1）放养时间　种蛭于春、秋投放。幼蛭在孵出 1 个月后（即下水苗）投放。

（2）放养规格与密度　根据池塘条件放养种蛭与蛭苗。水深 20 ~ 30 厘米条件下放养种蛭，规格 15 ~ 25 克 / 条，每亩水面放养 25 ~ 30 千克。放养幼蛭，规格 2 厘米左右，每亩水面放养 1 万 ~ 1.2 万条，最多 1.5 万条。

不同的养殖品种和同一品种在不同的生长阶段，放养密度有一些差异：日本水蛭 > 宽体金线蛭，小幼蛭 > 较大幼蛭。

放养量应根据养殖池具体条件与水蛭生长状况而定。

（四）饵料投喂

水温上升 10℃以上时，水蛭投喂要跟上，主要投放螺蛳或福寿螺等，一般每亩水面放养螺蛳或其他淡水贝类 50 ~ 100 千克，让其自然繁殖，水蛭可随时摄食。投喂动物血或将动物血与其他饲料拌和投喂时，每周投放畜禽凝结血块1次，沿池四周每隔5米放置1块200克左右。水蛭摄食后会很快散开，剩余的血块要及时清除，否则会污染水质。有时在池中投放一些萍类等水生植物，既可为水蛭提供栖息场所，又可作为螺、蚌、贝、虾等的饲料。投饵要有针对性，不同品种水蛭投喂的饵料略有区别。日本医蛭主要吸食人畜的血液为生，在人工饲养时用新鲜的猪、牛、羊的凝结血块作为饵料。

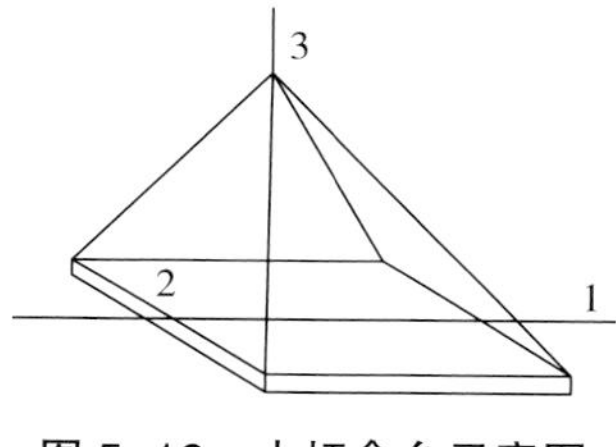

图 5-16　水蛭食台示意图
1. 水面　2. 食台　3. 挂绳

投饵时间在每天下午5～6时，饵料投放于食台上，食台设置在池边四周，每个食台1平方米左右，一半浸入水中，另一半露出水面（图5-16）。投喂也要遵循“四定”“三看”的原则。

（五）水质管理

1. 换水与冲水

在人工养殖的条件下，因水蛭密度比较大，必须经常冲水和换水，保证水质清新，确保水中有一定的溶解氧。

2. 水质调控

主要做好以下四方面工作：一是保证合适的水位，因为水蛭繁殖是在泥土中，而不是在水中；二是池塘的水体以黄褐色、淡绿色较好，水深60厘米，pH值呈中性或微酸性。三是在5月中旬至9月中旬使用微生物制剂，如光合细菌等，每月1次，以调节水质，消除水体中的氨氮等有害物质。四是及时清理已死亡漂浮在水面的螺蚌尸体。但要注意检查漂浮物中是否藏有水蛭。

3. 水温调控

水蛭的适宜水温为15 ~ 30℃，10℃以下便停食，水温过高不利于生长，30℃以上水蛭就会停止生长。因此，高温时要搭建遮阳棚防暑，在养殖池中放些水浮莲、水葫芦等水草；低温时覆盖塑料膜延长秋季生长时间。此外，还可在池底放些石块、瓦片、木板、竹梢等物，便于水蛭藏身和栖息。

4. 底质改良

科学投饵，减少剩余残饵在池底的累积。定期使用底质改良剂，促进池泥中有机物的氧化分解，有效抑制池底有害菌的繁殖。

（六）日常管理

1. 巡池检查

每天早晚各检查1次，重点检查水蛭的活动、觅食、生长、繁殖等情况，防逃、防盗设施是否有破损，发现问题要及时采取措施。

2. 及时修正水草的长势

池中水草的适度生长非常必要，长势衰退的要在浮植区内泼洒速效肥料。但要注意水草过盛也会妨碍水蛭的生长，要及时控制。

3. 防病防天敌

发现疾病要对症下药，及时处理。严防天敌危害水蛭。

4. 做好养殖记录

详细记录种苗放养时间、数量，水温、水质，投饵种类、数量，疾病等情况，积累生产数据，便于总结养殖经验，提高养蛭的技术水平。

（七）起捕

1. 起捕原则

捕大留小，规格大的上市，小的放回水池继续养殖。根据水蛭的生物学特性，采取不同的捕捞方法。

2. 起捕时间

水蛭生长速度较快，经过 3 ~ 4 个月的人工养殖，部分水蛭已达到商品规格即可捕捞上市，这时池塘里的水蛭必须分流（图 5–17）。

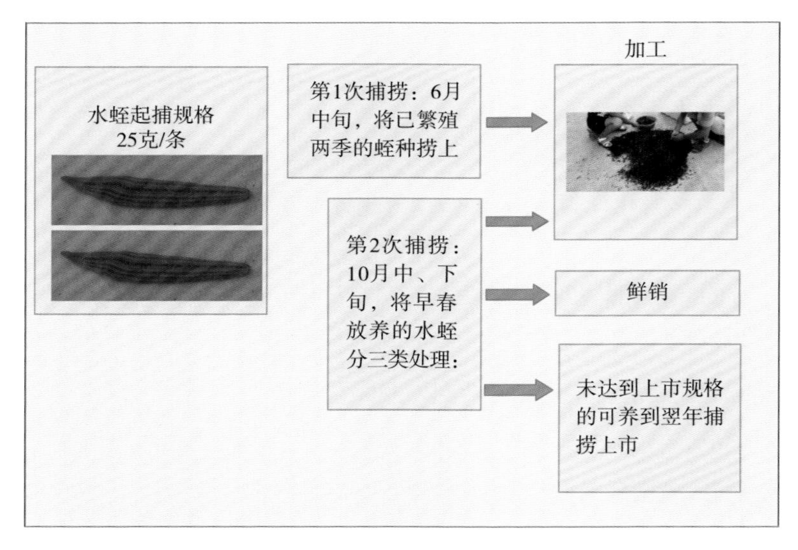

图 5–17　捕捞季节池塘水蛭的分流

四、水蛭旧鱼塘养殖

（一）旧鱼塘改造

利用旧鱼塘改造成养殖水蛭的池塘，可以省去一笔建塘经费，同时加快了投产的速度。具体工作如下。

1. 清塘

旧鱼塘四周的杂草要清理干净，池底的淤泥要清除。之后择晴天用生石灰消毒，每亩水面用 200 千克。

2. 防逃

鱼塘四周用 80 目筛绢网围一圈 80 厘米高的围栏，网下缘埋入池底泥 30 厘米深，上缘向池内折 15 ~ 20 厘米构成檐，防水蛭逃跑，围网用立桩和筷子粗的塑料绳固定。

3. 进出水口设置

池塘对角设进出水口。

（二）池底及水面设附属物

池底要多铺放一些石块、瓦片之类，供水蛭栖息。池底种植一些水草，但要防止有害水草如大茨藻混入（图 5–18）。水面栽植不超过水面 1/5 的水葫芦，在水面上多放几块大木板、竹排，池塘中建若干个高出水面 20 厘米、面积为 1 平方米左右的土墩子。

（三）搞好“三防”

利用旧鱼塘养殖水蛭应注意搞好“三防”（防天敌、防逃、防病）。防天敌主要是设置防鸟网。防逃主要是正确设置防逃

图 5–18　大茨藻

网，日常排查隐患，夏季天气变化突然，在雷雨、暴雨前后，天气闷热，水蛭表现不安，极易出现逃逸，应做好防范。旧鱼塘病菌残留较多，比一般的水蛭养殖池易诱发疾病，必须定期用漂白粉进行池水消毒，一般每 7 ～ 10 天消毒 1 次，用量为每立方米水体 1 ～ 1.5 克。发现病蛭应及时捞出隔离，防止疾病蔓延。

（四）其他管理

参照水蛭土池养殖管理。

五、水蛭网箱养殖

水蛭网箱养殖，即是将养殖网箱设置在河道、水库、湖泊、大型池塘等无污染水域，箱中进行水蛭养殖。网箱养蛭投资省、见效快、效益好，可以有效利用大中型水面。水蛭网箱养殖方式有浮动网箱养殖、固定网箱养殖、落地网箱养殖等。

（一）浮动网箱养殖

网箱箱体随水位而升降，所以网箱的网体必须用支架固定在水中特定位置。支架可用木条、毛竹、角铁或自来水管构成。网箱上口露出水面0.4米，可用4个塑料泡沫浮子托起以增加浮力。

1. 网箱养殖基地的选择

水源无污染，水质好，水位稳定，落差不大。水面宽阔，水流微动。水面2亩以上，太小水质不稳定。浮动网箱水深在1.5米以上，固定网箱水深在1米以上，受洪涝及干旱影响小。周边环境安静。

2. 浮动网箱的结构

网箱一般由框架、浮子、沉子和网衣组成。

（1）框架 多用毛竹或木料，既可做框架，又能当浮子，但不耐用，最好用钢管，既耐用，又经济（使用期限长，年均成本低）（图5–19）。

图5–19 钢管箱框
（白色物为泡沫塑料浮子）

（2）浮子 种类很多，凡具有浮力的器具都可用。最好采用泡沫塑料浮子（图5–20）或浮桶，浮力大，抗腐蚀，经久耐用。

图5–20 简易泡沫塑料浮子

（3）沉子　沉子表面光滑，以防磨损网衣。最好采用泥土烧制的瓷沉子。数量与重量根据网衣大小而定。

（4）网衣　又称箱体，高 1 米，网箱底面积 2 米 ×2 米或 2 米 ×3 米。网衣选用质好的聚乙烯网布，网目大小与养殖水蛭规格相符，幼蛭 80 目，青年蛭 50 ~ 60 目，成蛭 40 目。网口设防逃檐：网壁上缘折成 2 个直角构成防逃檐。

3. 网箱放置

网箱入水深 0.6 米、水面以上部分 0.4 米。大水面，箱与箱间距为 2 米，行距为 3 米，呈东西长、南北宽排列；小水面，箱间距 0.3 米，行距 1 米，东西长、南北宽排列（图 5–21、图 5–22）。网箱面积占水域面积的 50% ~ 60%。

图 5–21　钢管框架浮动网箱 1

日常管理参见本书 86 页“（三）落地网箱养殖”。

（二）固定网箱养殖

固定式网箱设置在水位变化不大的水域，网箱底部离开

图 5–22　钢管框架浮动网箱 2

池底，四角用竹或木条打桩固定网箱即可（图 5-23 ~ 图 5-25）。

日常管理参见本书 86 页“（三）落地网箱养殖”。

图 5-23　小型固定式网箱养殖

图 5-24　水泥池固定网箱养殖

图 5-25　小型钢管固定塑料薄膜网箱养殖

（三）落地网箱养殖

落地网箱养殖水蛭（图 5-26 ~ 图 5-30）也是一种较好的养殖模式。优点是成本低、生长快，防逃、防天敌效果好，收

图 5-26　落地网箱养殖水蛭

图 5-27　落地网箱养殖水蛭场

图 5-28　较大规模落地网箱

图 5-29　小型落地网箱

图 5-30　正在安装的落地网箱

获率高，几乎百分之百。网箱内种上合适的水草供水蛭栖息。投喂时可人工下水或划小船投喂。

1. 养殖池要求

（1）选场建池　养殖场地周围选择无化工业污染，水源充足、清洁，排灌设施完全，交通方便，天旱不干、洪水不淹，环境安静的地方。建池面积 0.5 ~ 0.7 公顷，水深 0.6 ~ 0.8 米，池塘以不漏水为原则，池塘对角设进、排水口。网箱养殖面积占池塘面积的 65% ~ 70%。

（2）网箱设置　网箱目数与长度可根据场地大小和蛭苗种规格而定。水面大放大网箱，水面小放小网箱。如 1400 平方米的水面，可放宽 5 ~ 8 米、长度不限的小网箱若干个；或者放 1 ~ 2 个大网箱。幼蛭网片规格 80 目，成蛭网片规格 30 ~ 40 目；一般幼蛭期网箱长 50 米、宽 3 米，成蛭期网箱长 80 米、宽 4.5 米；网箱高度为 100 厘米，上口设 15 厘米倒“L”形以防逃；网箱固定桩间距离 3 ~ 4 米；网箱与池塘四周距离 3 ~ 4 米；网箱间距离 1 米左右；用适量泥土压住网箱底；中间放着一些浮性水草或空心菜，供水蛭栖息和夏季遮阳，水草或空心菜占网箱养殖水面的 40%。

2. 蛭苗放养

（1）幼蛭放养　放养密度略高于水泥池养殖。种苗应选择活动力较强、体表光滑、颜色鲜艳无伤痕的。

①**放养时间**　5 月底至 6 月初。

②**放养规格**　5 万 ~ 6 万条 / 千克。

③**放养密度**　3 000 ~ 3 500 条 / 米 ^{2}。

④**分池**　放养后幼蛭生长很快，放养后 1 个月长到 2 ~ 4 厘米，400 ~ 600 条 / 千克，成活率达到 50% ~ 60%，可开始分池。

（2）水蛭小苗放养

①**放养时间**　6 月底至 7 月初。

②**放养规格**　体长 2 ~ 4 厘米，400 ~ 600 条 / 千克。

③**放养密度**　50 ~ 60 条 / 米 ^{2}。

④**成活率**　70% ~ 80%。

3. 日常管理

水蛭在整个养殖阶段主要以摄食螺蛳为主，日投饵量一般为水蛭体重的10% ~ 15%，并根据水蛭的采食与天气、水温、水质等情况灵活掌握。放养后3 ~ 5天蛭苗就可自行采食小螺蛳。因此，要事先投放适量螺蛳，让其自然繁殖。

（1）饵料投喂　6月底7月初开始养殖成蛭，饲养周期120天左右。一般每周投喂饵料1次。如选用螺蛳作为饵料，饵料总供应量为每亩养殖水面2吨左右。随着幼苗的生长应逐渐加大饵料的投喂量。具体投喂可按“四定”“三看”原则进行，并做好饵料的来源、投喂时间、投喂量和投喂网箱等记录。

（2）水质、水位、水温调节

①水质调控　水质是影响水蛭生存的主要条件。人工网箱养殖的水蛭密度较大，在饲养过程中需要经常加注新水，一般每周加注新水1次，每次换1/4 ~ 1/3，甚至1/2的水体以调节水质。尤其是7 ~ 8月的高温季节，3 ~ 4天加注新水1次，必要时应使用水质改良剂及增氧剂调节水质。注意进出水口畅通。并注意防止化肥、农药及工业污水污染水体。保证水质清新，有一定的溶解氧，夏季透明度保持30厘米左右。

水蛭能长时间忍受缺氧环境，在氧气完全耗尽的情况下，还可存活几天，但水蛭多生活在溶解氧0.7毫克/升的水域里；当溶解氧低于0.5毫克/升时，水蛭会浮出水面并出现不安现象，有时水蛭甚至会钻出水面，爬到岸边土壤里或草丛中，呼吸空气中的氧气。

日常管理中换注新水时，水位的变幅应控制在10厘米范

围内。所以留好溢水口是保证水位的重要措施，平时特别是雨季应经常检查溢水口是否被堵塞。干旱缺水时，应及时补水。

②水温调控 水蛭池应每天定时测量水温。一般来说，20～28℃为水蛭生长最佳温度。10℃以下水蛭停止摄食和生长，温度继续降低则不再活动，钻入泥土层中处于休眠状态，应提前做好采收后留种准备工作。夏季酷热，当温度超过32℃时，不利于水蛭生长；长时间超过35℃，易导致水蛭死亡，养蛭生产规模较大单位常采用遮阳光网。

（3）青苔治理

①青苔危害 青苔是水体中藻类繁殖过盛的产物，主要种类有绿藻类的水绵、水网藻以及蓝藻中的微囊藻、囊球藻等（图5-36）。其主要危害：青苔会吸收水体中的无机盐类，使水质变得清瘦；青苔附着水蛭幼体体表，影响其生长；青苔死后分解产生大量的硫化氢等有害物质，使水质变黑、氨态氮超标、溶解氧偏低。因此，控制青苔繁殖生长（图5-31），为水

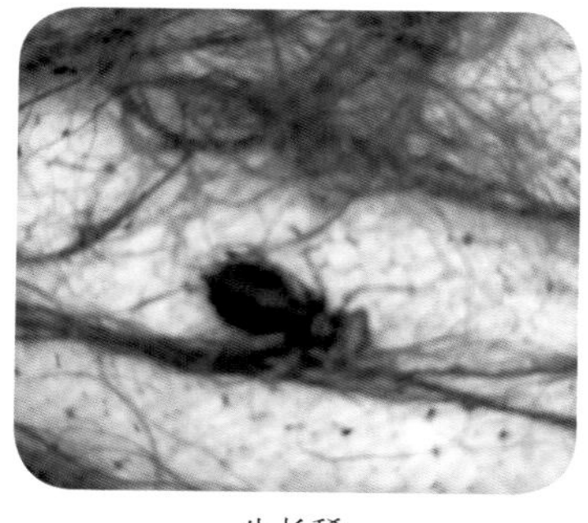
生长稀

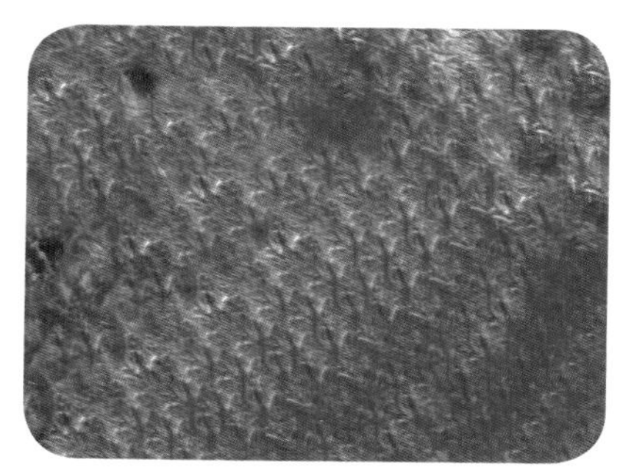
生长密

图5-31 青苔

蛭养殖创造一个良好的生长环境是十分重要的。

②青苔治理措施　主要有四条措施：

其一，适时添加新水，不但可降低池中有毒物质浓度，还能增加池水的溶解氧。

其二，适时适量施肥，抑制青苔繁殖生长。根据不同藻类在不同季节、不同温度、不同光照条件下繁殖生长不同的特点，适时适量施肥。如硅藻喜欢弱光，青苔喜欢强光。春季施肥，可促进硅藻繁殖生长，降低池水的透明度，抑制青苔繁殖生长。

其三，投放补充有益生物控制青苔繁殖。可向养殖池内投放抑制青苔的适量有益菌如复合芽孢杆菌、光合细菌、EM 菌等，可净化水质，阻止青苔和细菌在池中繁殖和生长。

其四，及时采取灭杀措施。当发现池塘内青苔繁殖过多和过快时，要组织人力清除或用清苔净等药物杀灭。

（4）巡塘　每天早、晚巡塘，观察水蛭的活动、摄食、生长、病害等情况，同时检查防逃、防盗设施是否损坏，发现问题及时处理。

4. 建立生产档案、积累科学数据

记录主要内容：放养时间、放养密度、放养规格、气温、水质指标、注换水次数、投饵量、施肥次数及数量、病害防治、产量及商品销售等。

5. 病害防治

在 5 月底至 10 月，每半个月消毒池水 1 次。常用消毒药物有二氧化氯、碘制剂。

六、水蛭小型容器养殖

用水缸、大塑料桶（图 5–32）、水桶等小型容器养殖水蛭，简易灵活、操作方便，养殖少量水蛭时可采用（图 5–33）。以下重点介绍塑料泡沫箱养水蛭工艺。

图 5–32　圆形塑料桶

图 5–33　圆形塑料桶养殖水蛭

（一）塑料泡沫箱改装

笔者于 2014 年 4 月至 10 月上旬进行塑料泡沫箱养殖水蛭试验，21 只泡沫箱（规格 40 厘米 ×60 厘米 ×30 厘米），箱内总底面积为 5 平方米，放养幼蛭 4200 条共产鲜水蛭 10.5 千克（96 条 / 千克）。

泡沫塑料箱最好用新的，如用旧的，只要不漏水，且四壁无损、有箱盖的也可以。在箱盖中心位置开 1 个 20 厘米 × 25 厘米的长方形口，以便观察、投料、换水等操作。为了防止水蛭从盖子的开口逃跑，在箱盖口还必须设置 1 个特殊的漏斗形防逃网。防逃网的制作方法：取直径 4 毫米的钢筋做一个比盖子开口略大的方框，用人造纤维布缝成锥形袋，将袋口缝在钢筋框上（图 5–34）。

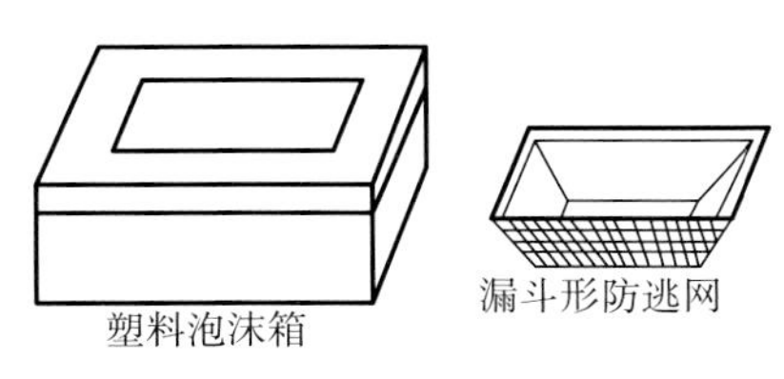

图 5–34　塑料泡沫箱养水蛭设施

（二）养殖用水

用无污染的河水、井水或水库水均可。

（三）放苗

放苗时箱内进水量不能太多，一般达到进箱壁的 1/3 ~ 1/2 高度。箱养水蛭种苗可放养幼蛭或中蛭，一般放养幼蛭在 5 月下旬，放养中蛭一般在 6 月中下旬。投放幼蛭苗比较难养，初养者可选择投养中蛭。笔者试养时放养的是自繁的人工苗，每箱放养幼蛭 200 条；中蛭（青年蛭）放苗量为 80 ~ 100 条。

（四）日常管理

1. 投饵

主要饵料是水蚤、水蚯蚓、螺蛳、田螺、福寿螺、蚌、河蚬肉及畜禽下脚料等。养殖开始每天投喂水蛭重量 12% ~ 15% 的饵料量，20 天后投喂水蛭重量 10% ~ 12% 的饵料量。投喂 6 厘米长以下的水蛭，螺蛳一定要捣碎，且捣碎前一定要洗清干净，否则易带入病菌。500 克水蛭需投喂螺蛳 4 ～ 5 千克。

2. 换水

箱内水温在 18℃以下时，一般每 2 天换水 1 次，换水量为 1/3 ～ 1/2；水温在 18℃以上时，随着水温的升高要逐渐增加换水量，即从 1/2 提升为 3/4。随着水蛭个体增大抗病力增强，每 3 天换水 1 次，换水温差在 ±4℃内。

3. 清除残饵

每次投喂后 3 ～ 4 小时，要清除残饵，尤其是盛夏高温季节，防止残饵发酵，病原微生物大量繁殖。

4. 分养

随着水蛭的生长，将规格相当的水蛭分养在不同的箱中，以便管理。

（五）收获

泡沫塑料箱养殖的水蛭生长很快，一般到 10 月上旬，水蛭长到平均每 500 克 40 ～ 50 条时即可收获。

七、水蛭与泥鳅混养

（一）混养要点

水蛭在水里多数时间是吸附在池壁或漂浮物上。所以，水蛭池里有足够的空间供泥鳅活动和栖息。因为水池里经常有水蛭吃剩的残饵，所以泥鳅（图 5-35、图 5-36）混养在水蛭池里不必另外投饵。泥鳅还会清除水蛭池里的大量青苔，起到改

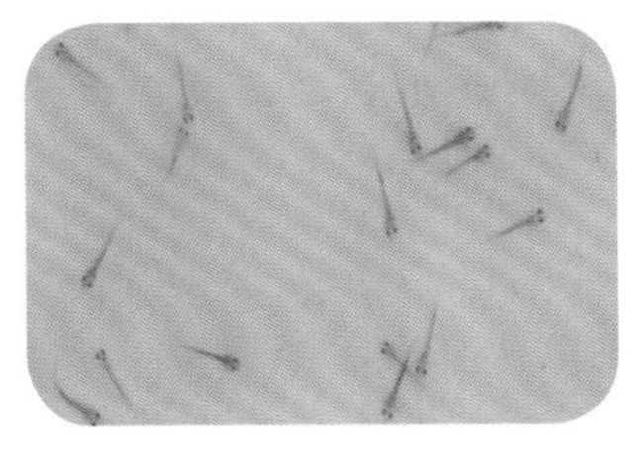

图 5–35 鳅苗

图 5–36 成泥鳅

善水质的作用。

（二）混养注意事项

1. 放养泥鳅的规格和时间要适当

一般在 6 月中旬，可放养台湾泥鳅苗，规格为体长 1 ～ 1.2 厘米；7 月中旬，水蛭已长成青年蛭，可放养体长 3 厘米泥鳅苗。

2. 以养水蛭为主，搭养少量泥鳅

放养泥鳅规格为体长 1 ～ 1.2 厘米，每平方米放养 3 ～ 5 尾；体长 3 厘米左右，每平方放养 2 ～ 3 尾。

八、水蛭庭院养殖

农家庭院养殖水蛭，占地少，投资小，收益高。庭院养殖可采用立体养殖模式，根据水蛭生长情况投喂饵料，有利于促进水蛭快速的生长。

（一）建池

选择院内背风向阳、管理方便的地方建池。建池可因地制宜，面积可大可小，池深约 1 米，水深约 0.5 米；也可挖土池，

池底和池壁用油毡或塑料薄膜铺垫，缝隙处粘牢，以防水蛭逃跑。池底再铺上 20 ~ 30 厘米泥土。若有条件，池壁可用砖砌或石砌。设专门的进、出水口，出水口设置防逃网。

（二）清池消毒

用漂白粉湿法清池，水深 0.3 米，每亩水面 20 千克。过 2 天再进新水，并施腐熟家禽肥，每亩水面 150 千克，以培养水质。半个月后可放养水蛭。

（三）放养水蛭

可分 2 次放养：第一次放苗，5 月中旬，每亩水面放养下水苗 15 000 条；第二次放苗，6 月初，每亩水面放养体长 2 厘米左右的幼蛭 10 000 ~ 12 000 条。

（四）科学投喂

做好消毒施肥工作后，应每亩水面投螺蛳 250 千克，作为铺底饵料，待蛭苗投放后再根据池中饵料多少酌情补投。投苗 10 天后要根据情况决定每周的投饵量。

（五）日常管理

主要是管理水质和防逃工作。勤换新水，防止水质变化，水色以黄绿色为佳。进水时要防止带农药残留的水进入池中。适当栽植水生植物。勤观察，发现蛭病要及时采取措施。平时要做好防病工作，定期用漂白粉消毒池水，杀灭病原体。

（六）收获与越冬管理

10 月份应将符合上市规格的水蛭捕捞出售或加工，留下小的过冬。年底池水水温降到 10℃以下，水蛭停食，进入冬眠。在冬眠前要加强投喂，提高水蛭体质，以利过冬。如有条件可采取保温措施，放干池水盖稻草等或让水蛭入泥。

九、水蛭粗放养殖

粗放养殖通常是将养殖的水域范围如沼泽地、水库、河湖泊、洼地等圈定起来，以便于管理。由于实施粗放养殖一般面积较大，自然饵料丰富，投资小，收益高。

（一）河道养殖

大型河道主要是采用浮动网箱养殖。较浅的小型河道可采用固定小型网箱养殖。宅地附近水流不大的小型河道可采用固定小型网箱养殖，或取河道适宜地段，两端设置闸门及圆锥形闸网（网目 40 ~ 60 目），放养青年蛭。注意做好防逃工作。

（二）沼泽地养殖

沼泽地一般水浅，水生植物长势好，水生动物丰富，泽底有机物多、腐殖质含量高。做好消毒、清除野杂鱼，落实防逃措施，即可放养水蛭。沼泽地环境复杂、变化大，加强管理很有必要。适当补充螺蛳等饵料，以防缺饵影响水蛭生长，即使水蛭吃不完，螺蛳也会繁殖生长，自然补充水蛭饵料源。雨季要勤排水，同时注意排水口的防逃网不要被水流冲破。下半年收获，实施捕大留小。

（三）洼地养殖

可采用固定网箱养殖，放养密度低些，箱外培殖螺蛳。也可采用围网养殖，将适宜地段围起来，经消毒除野，放养水蛭。由于面积大，水位变化大，敌害生物多，需要加强管理工作。

第六章　水蛭养殖各阶段管理

一、幼蛭培育

由于卵茧中刚刚孵出的幼蛭身体柔弱、发育不全、对外界环境的适应能力差、抵抗病害能力弱，直接放养于大池成活率很低。因此幼蛭必须经过精养池暂养才能获得较高成活率。

（一）精养池准备

1. 清池

清池流程见图 6-1。

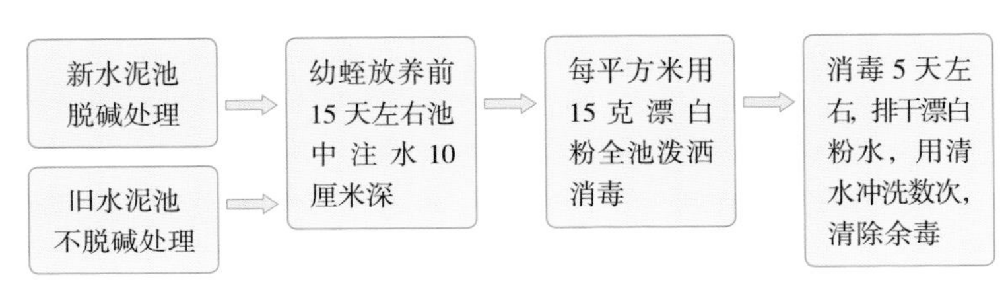

图 6-1　清池流程

2. 培养活体饵料

主要是培养水蚤、枝角类、草履虫等浮游生物。清池后要做以下工作：每平方米池底施农家肥 0.3 千克，堆放在池底。在肥料堆上面覆盖泥土 20 厘米厚，注经过 80 目过滤网的新水。

3. 水温与水深

为确保幼蛭正常生长，放幼蛭前池里的水温与水深需保持在以下范围：水温 20 ~ 25℃，水深 40 厘米左右。

4. 安装围网

土池精养池周围要安装 80 目以上的围网，防止幼蛭逃跑。

（二）幼蛭培育管理

为了针对性地管理水蛭，将水蛭生长期分为 3 个年龄段：幼蛭（又称幼蛭苗或幼苗）、青年蛭、种蛭。

1. 选苗

选择合格的蛭苗，要求无伤、无病、健壮、体表光滑。蛭苗放养前，应用 0.1% 高锰酸钾溶液消毒 5 分钟后立刻入养殖池。高锰酸钾有腐蚀性，必须小心使用。药浴后的废水溶液要做无害化处理。

2. 试水

在大批量投放幼蛭前先用少量幼蛭试水。于小网箱内试养 1 ~ 2 天，如幼蛭无不良反应，再大批量投放于精养池。最低水温在 20℃左右，换水温差不宜超过 2℃。同池苗孵化时间不要相差 3 天以上。

3. 投喂

幼蛭孵出后 2 ~ 3 天内主要靠卵黄维持生命。3 天后开口摄食，可投喂新鲜螺蛳、熟鸡蛋黄等。少量多餐，勤换水。

4. 适时投放水草

幼蛭开口期间暂时不放水草。幼蛭入池后 6 天左右，开口饲料投喂结束，再在精养池中投放适量的水浮莲或水葫芦供幼蛭采食、遮阳或休息（图 6–2）。

瑞莲

水葫芦

图 6–2　水草

5. 防逃

保持池边干燥，阴雨天气避免池边流水，防止幼蛭往上爬。可采取池边覆盖塑料薄膜的方法，以防止池边被雨淋湿，或在池上方盖上一 60 目以上的防逃网。

6. 水质管理

幼蛭期间每天早晨 8:00—9:00 加水或换水 3 ～ 5 厘米，并保持进水有一定的微流。排水口防逃网网目大小要合适，既防逃，又使水流通畅。及时清除残饵，防止腐败恶化水质。

7. 清除敌害

严防敌害生物的入侵，防止水蜈蚣等在池内的繁殖、生长。

（三）幼蛭死亡原因及其对策

1. 培育池条件差

【原因】池水太深、淤泥太厚，水温回升慢，幼蛭极易形成僵苗甚至沉底死亡。

【对策】幼蛭培育池面积不要太大，底泥不要太厚，以 20 厘米以下为宜，水深控制在 30 ～ 40 厘米。

2. 池塘残留毒性大

【原因】清池后残留药剂毒性未完全消失；施用过量的没有腐熟或没有完全腐熟的有机肥，导致底层水有毒或缺氧，造成幼蛭死亡。

【对策】严格试水，如试水幼蛭在 1 天内无异常反应，则水质安全，可放养幼蛭。

3. 缺乏适口饵料

【原因】忽视基础饵料的培养或施肥与幼蛭下池的时间衔接不当，幼蛭下池后吃不到饵料而饿死。

【对策】彻底清塘，杀灭敌害生物，在幼蛭下池前1周，根据底泥肥瘦、肥料种类、水温等情况确定正确的施肥量。采集活饵料，如轮虫、水蚯蚓、水蚤、枝角类等投喂；如量不足，也可投喂在袋中搓细的熟鸡蛋黄、豆奶粉或豆浆等代替。

4. 池中敌害生物危害

【原因】由于没有清池或清池不彻底，或清池消毒药物失效，进水时没有设置过滤网或网目过大，混进了鱼卵、蛙卵、鱼苗等敌害生物，它们与幼蛭争食争氧甚至残食幼蛭。

【对策】彻底清塘，正确使用消毒药物，保证药物质量，进水要用 80 目筛绢网袋过滤后入池，以防敌害生物进入。

5. 水温突变引起死亡

【原因】春季气温变化大，若遇倒春寒，不采取措施，很容易引起幼蛭死亡。

【对策】加设保温设施，如在池上面盖塑料薄膜，尤其是晚上一定要盖上。

6. 幼蛭质量差

【原因】造成幼蛭质量差的原因有二：其一，卵茧孵化条件差、孵化用具不清洁，故孵出的幼蛭带有较多的病原体或受到重金属等污染，放养后成活率低。其二，孵出的幼蛭运输不当，致使其体质下降，下池后沉底，成活率低。

【对策】孵化操作要规范化，孵化用具要严格消毒后使用；蛭苗要尽量自己繁殖或选择质量好、运输路程短的苗场购买。

二、水蛭隔离与分级饲养

（一）水蛭隔离饲养

1. 首次引进

新引进的水蛭经消毒后放入隔离池饲养 1 周左右。

2. 中途采集

采集的种源必须先放入单独的饲养池中暂养。

暂养密度为每平方米 2 ~ 3 千克，经过 3 ~ 5 天的观察，无异常情况，便可移入饲养池，与早先放养的水蛭混养。

（二）水蛭分级饲养

水蛭在养殖过程中，逐渐出现个体大小不均，如果在原池继续养下去个体大小差异会更大，水蛭产量上不去。因此要及时分级饲养。

1. 时间

7 月份。

2. 方法

建一口长 9 米、宽 3 米、深 1 米的长方形水泥池，在池壁上安装两张不同网目的过滤网，把池平分为三段（口）：一张网眼较大，为 5 目；另一张网眼较小，为 10 目。养殖池中水蛭捞上后，投放到种蛭池中，让其自行过滤分离，并及时捞取过滤出的中蛭及小蛭，再分别放到中蛭池和小蛭池（图 6–3）。

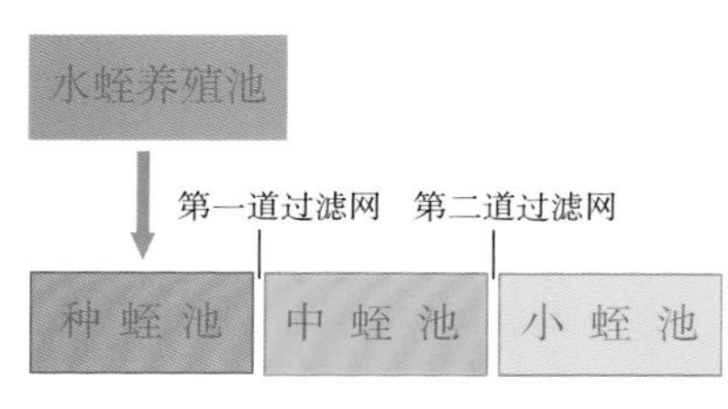

图 6–3　水蛭分离示意图

三、青年蛭管理

所谓青年蛭，即准备进行商品生产的水蛭，一般指 3 ~ 4 月龄的水蛭。青年蛭的饲养阶段是从 2 月龄幼蛭放入青年蛭池开始，其饲养管理工作主要如下。

（一）养殖池准备

放养前 15 天左右必须完成以下工作。

1. 清池消毒

做常规清池、消毒，进过滤新水 20 ～ 30 厘米深。

2. 培养水质

池水经阳光暴晒几天，使之变肥，以利于培养水蚤、枝角类、草履虫等浮游生物。投放大幼蛭前 2 ～ 3 天，把池水水位提高到 80 ～ 100 厘米。

3. 移植水草

为保证池中水蛭有足够的栖息和隐蔽场所，以及净化水质，水浮萌或浮萍须从原幼蛭精养池移入青年蛭池中。移植水草的数量、面积要根据放养的水蛭数量而定。一般移植的水草面积占养蛭池水面积的 1/3 即可。

（二）挑选与消毒

转池幼蛭要经过严格的挑选，并要经过浸泡消毒。

（三）试水

全部转池前，要先放入几条幼蛭试养 1 ～ 2 天，如果表现正常，再转入。

（四）放养密度

幼蛭：1000 ～ 1500 条 / 米^2，随着水蛭的长大，随时调整密度，最后达到 5 月龄以上 500 条 / 米^2 左右即可。

（五）投喂

最适宜的饵料是螺蛳、田螺、河蚬、福寿螺。日投喂量为每千克青年蛭投喂 50 ～ 100 克的活螺蛳、田螺、河蚬、福寿螺。清除螺壳时，要注意壳内躲藏的水蛭。

（六）水质管理

1. 保证合理水深

水深保持 80 ～ 100 厘米。原则是高温深水位、低温浅水位。

2. 适量补水

每天上午 8:00—9:00 补水或换水 3 ～ 5 厘米。如有条件，池中保持一定的微流水。

3. 及时清除残饵

每次投饵 3 ～ 4 小时后要清除残饵。在高温时节，可全池泼洒漂白粉，每天 1 ～ 2 次，每亩池面用 1 ～ 2 千克。饵料台每隔 7 ～ 10 天消毒 1 次。

（七）及时分养

及时分级，将规格相当的水蛭分养在不同的池中。符合加工规格的水蛭捞出加工成商品。

（八）防病害与天敌

养蛭池周围最好不使用化学农药杀虫，防止生活污水或有机废水渗入或排入养蛭池内。定期全池泼洒二氧化氯稀释液，浓度为每立方米池水 1 克，或泼洒 EM 菌改良水体。及时清理池内杂物。池上空设防护网，防止鸟类捕食（图 6–4）。

图 6–4　防鸟网

（九）适时采收与选种

水蛭经过5个月左右的养殖，即可收获（图6–5）。

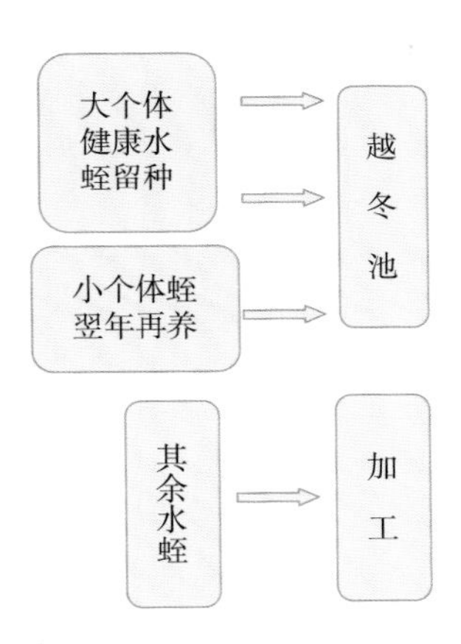

图6–5　水蛭收获流程图

四、种水蛭管理

（一）繁殖期管理

1. 保持繁殖环境安静

水蛭在自然水域一般要历时14 ~ 19个月的生长发育，才有繁殖能力，但是人工养殖的个体性成熟略有提早。实践表明：室内养殖条件下，当年5月中旬出茧的个体到翌年春节后水温15℃时交配，5月下旬产茧。水蛭繁殖期间正值季节转换，天气多变，要加强管理，提高水蛭的成活率，为翌年卵茧产量丰收打下基础。水蛭繁殖期要注意以下两点：

一是水蛭交尾的时间大多数在清晨，一旦受到惊扰，正在交配的水蛭会迅速中止而离开，导致卵茧受精失败。

二是水蛭产卵茧的季节也应保持安静。

2. 调节温度、湿度

繁殖期水温最好控制在25℃左右。高于30℃时，应采取遮阳降温措施；低于15℃时，应用塑料薄膜覆盖保温。

水蛭产卵场、孵化场的空气相对湿度应保持在70%左右。

水蛭在繁殖期间，始终要保持繁殖台高出水面20 ~ 30厘米。为了防止露出的繁殖台干燥和板结，要经常喷水，保持繁殖台土壤潮湿。

3. 调整水草布局

水草占总水面的1/3，过多要适当疏减，过少要及时补充。捞水草时，要仔细检查水草根部，避免带出水蛭。

4. 换水

养蛭池要勤换水或保持微流水，以保持池水清新，溶解氧充足，透明度为30 ~ 50厘米。

5. 投饵

繁殖期间水蛭消耗能量大，因此饵料要求优质，以蚯蚓、螺类、动物血块为主。

6. 加强巡池，注意防病

定期消毒池水，每7 ~ 10天，用食盐（终浓度2‰）或漂白粉（终浓度0.8 ~ 2克/米^3）消毒1次。

发现病蛭及时隔离治疗，以免传染。

7. 做好管理记录

将繁殖期的一些主要管理指标，如水温、湿度、水质、繁殖情况、换水量等做详细记录。

（二）越冬管理

当气温降到10℃以下时，要做好种蛭的越冬管理工作。

（三）种蛭死亡原因及其对策

见表6-1。

表6-1　种蛭死亡原因及其对策

种蛭死亡原因	对　策
养殖环境条件差	引种前应做好各项准备工作，条件具备后再引种蛭，种蛭引入后按要求合理放养
种蛭携带病原体	运回的种蛭一定要药浴消毒，然后投放隔离池中暂养
越冬期间死亡	在水蛭越冬前要让水蛭吃饱、吃好，积蓄能量，提高抗冻和抗病能力
应激综合征	发现水蛭病情严重并无法控制的，继续饲养已无意义，应及时处理掉，否则极易导致水蛭大批死亡

五、水蛭养殖四季管理

（一）春季管理

1. 继续保温

进入春季，气温回升到10℃以上，初春气候变化反复大，昼夜的温差大。水蛭陆续出土，一旦水温回降，会使一些体弱的水蛭患病而死。因此对于水蛭过冬池，不能过早拆除保温设施。

2. 及时喂食

早春及时投喂的好处是可促进越冬后水蛭尽快恢复体质，抗病力提高，确保成活率，对以后产茧极为有利。

投饵方法：每隔 10 天左右喂 1 次，但投饵量要少，控制在水蛭总重的 0.5% ~ 1%，以后逐渐增加。

3. 清理养殖池

时间在清明前后、自然水温 10℃以上时。对养殖池周围进行清扫整理，用漂白粉进行清池消毒，池底彻底曝晒。

4. 调节水质

随着气温的升高要不断增加换水量，根据气温变化决定换水时间与换水量。

①**换水时间**　以中午为佳，最好是有阳光的天气。

②**换水量**　气温 15℃时，每周换水 1 次，每次换水量为 1/4 左右；气温 20℃时，每 5 天换水 1 次，每次换水 1/3 左右。换水量还需结合摄食量、水质污染程度综合考虑而定。

5. 重视防病

大地回春病菌蔓延，预防蛭病要进行水体消毒、蛭体消毒等。

（二）夏秋管理

水蛭的夏秋管理是指 6 ~ 10 月份这段时间的管理。主要围绕催肥增重、防病而展开。具体措施如下。

1. 调节温度，遮阳防暑

水蛭生长适宜温度在 22 ~ 28℃，夏季水温过高会对水蛭造成危害。可采用在池两边种瓜类、扁豆等攀藤植物，并在池上搭设棚架，或设置遮阳网，遮阳面积占池面积的 3/4 左右。同时在早晨或傍晚必须加注新水，使池水深保持在 60 厘米左右。

2. 管理水质

夏天水质易变，水色以淡黄色或略带绿色为佳。1 ~ 2 天换水 1 次。每 1 ~ 2 天把池中残饵和污物捞取干净。

3. 防洪与防逃

夏季降雨多，要重视防洪。养殖基地周围的水沟必须事先疏通，溢水口全部打开。同时严防水蛭逃跑。

4. 秋季特殊管理

秋季气温递减，当下降到 18 ~ 24℃时，可用塑料薄膜覆盖保温。初秋水蛭十分活跃，应加大投饵量，使水蛭增重，为冬眠积累能量。秋季是水蛭收获的最佳季节，要适时采收。秋季后期气温在 13 ~ 18℃时，要逐渐减少投饵量。

5. 病害防治

夏季水温高，病原微生物极易繁殖，应注意防治各种病害。发现病蛭及时分析原因并处理。

（三）冬季管理

水蛭的冬季管理是指从头年的 11 月至翌年 3 月。主要围绕安全越冬展开。具体措施如下。

1. 抓紧投饵

入秋后，水温下降至 15℃时，水蛭吃食明显减少；水温低于10℃时停食。为确保水蛭安全越冬，要在水温下降到15℃前抓紧投喂优质饵料，增强水蛭体质，以提高抗寒能力。

2. 养殖池越冬

（1）深水越冬　将池水升高至1米左右，让水蛭钻入水下底泥中进行冬眠。有条件的养殖户可搭建塑料大棚，以增强防寒保温效果（图6-6）。

（2）干水越冬　将池水排干，让水蛭钻入泥中，在池底表面覆盖上15 ~ 20厘米的草苫或农作物秸秆，但不要盖得太严实，以防水蛭窒息而死（图6-7）。

图6-6　塑料大棚越冬

图6-7　产苗床稻草保温

干水越冬管理也要坚持巡塘，一旦发现问题，必须及时处理。注意做到草中无鼠、泥面无水和沟里有水。

（3）及时破冰　冬季“寒流”活动频繁，养殖池极易结冰。一旦结冰，隔绝了上下通气，水蛭易苏醒，最后因缺氧窒息而死。因此一方面要及时破冰通气；另一方面要除去泥面积水，增厚保温层。

六、主要药用水蛭养殖管理

我国目前人工养殖的药用水蛭主要有宽体金线蛭、尖细金线蛭、日本医蛭、菲牛蛭4种，在养殖管理上略有区别，分述如下。

（一）宽体金线蛭

1. 饲料

宽体金线蛭通常以吸食小动物的血液为生，也摄食浮游生物、软体动物和泥面腐殖质等。4月中旬到5月下旬，可以泼洒猪、牛、羊等畜禽血液。投喂量要根据水蛭存池量而定，掌握少量多次的原则。5月下旬，投喂活的淡水软体动物，如活蛳螺、福寿螺、河蚬及蚯蚓等。控制投喂量，不宜过多，尤其要注意软体动物投喂量要多于血液投喂量，软体动物不足部分可以用人工饲料补充。

2. 水质

要求肥、活、清，含氧充足，如水质恶化，要及时更换，采用一头进新水，另一头排出旧水。水瘦时可将少量的经发酵的畜禽粪便撒入池底，以改善水质和保持池底底泥松软。宽体金线蛭对各种化学药物耐受性差，因此养殖场地要远离农药、化肥污染，防止生活污水和有机废水排入或渗入。

3. 越冬

宽体金线蛭挖掘能力比较弱，所挖掘的洞穴较浅，遇到寒冬时易冻死。因此，做好越冬工作尤为重要。可采取适当提高水位、在池边潮湿土壤处覆盖草苫或秸秆等保温措施。

（二）尖细金线蛭

尖细金线蛭的管理工作与宽体金线蛭基本相似，所不同的是前者仅需每隔 1 ~ 2 个月加喂 1 次不加盐的畜禽新鲜血液或血块，每次喂后要及时清理剩余的血块，然后换水。

（三）日本医蛭

1. 饲料

以脊椎动物的新鲜血液或血块为主，蛙类、螺类、蚯蚓等动物为辅。一般每隔 5 ~ 7 天投喂 1 次新鲜血液或血块。饵料台呈倾斜状，即一半浸水里，另一半露出水面。每次血块被医蛭取食后，剩余的血块要及时清理，防止污染水体。

2. 水质

池水一般每 7 ~ 10 天更换 1 次，每次最多换 1/2 池水，防止温差过大而引发疾病。换水可根据具体情况而定，如每次喂完鲜血后应更换池水。

（四）菲牛蛭

1. 水质

自然界中菲牛蛭对环境和水质要求不高，在污水中也能生长，但在高密度养殖情况下要求水质清洁，且要求一定的溶解氧。小容器养菲牛蛭水质易变，应每周换水 1 次，换水量为 1/3，先将底部的脏物及脏水抽掉，然后加入等量的新水。大池养蛭，水色以黄褐色、淡绿色为好，如平时能保持微流水，可隔月补充 1 次新水，使池水透明度保持在 30 ~ 50 厘米。

2. 防逃防病

设置牢固的防逃设施。高温季节菲牛蛭极易患细菌性传染病，可定期用二氧化氯全池泼洒消毒，每立方米水体1克，化水后全池均匀泼洒，并保持10天内不换水；若病情严重，10～15天使用1次。

3. 越冬

入冬后，水蛭会随着水温的降低而钻入泥中冬眠。在水温10℃以下开始停食，5℃以下进入冬眠状态。由于冬眠时水蛭摄食停止，单靠身体里积累的营养维持生命。所以在秋天尤其是水蛭入冬前几周应多喂些营养丰富的饵料，如新鲜猪血、蚯蚓、动物肝脏等。为了使水蛭在冬季还能继续生长，缩短养殖周期，可在池塘四周挖一些深1米、直径50～60厘米的小洞，或搭建塑料大棚保温。早春放养的水蛭一般大多数已长大，从中可以选择个体大、生长健壮的留种（每亩留15千克），将其集中投放育种池里越冬。

第七章　水蛭收获与加工

一、水蛭收获

（一）收获时间

水蛭一般一年可采收 2 次：第一次在 6 月中下旬，将已繁殖两季的种蛭收获；第二次在 9 月底或 10 月初至越冬前，将 6 月上旬前放养的幼蛭，在饲料充足的情况下，已有不少个体达到上市规格，可以收获。捕捞的原则是捕大留小，未长大的水蛭养至翌年第 1 次捕捞。水蛭养殖周期见图 7–1。

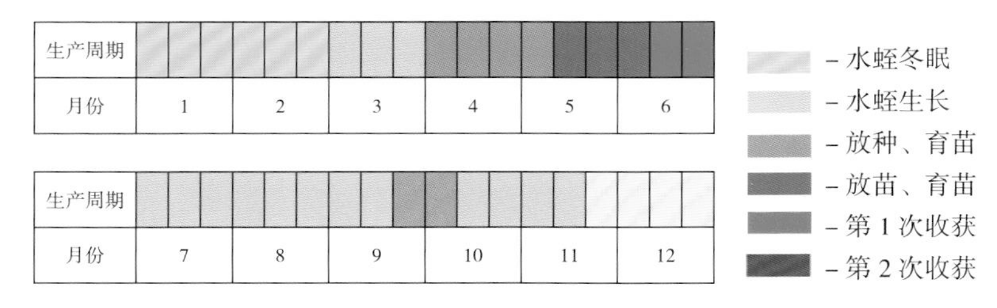

图 7–1　水蛭养殖周期图

（二）捕捞方法

水蛭捕捞有多种方法，以下推荐若干种简便易行的方法。

1. 灯光诱捕

晚上用灯光照射水面，水蛭有趋光性，都会集中在灯下水中，然后用三角抄网或手抄网捞取（图 7–2）。

图 7–2 手抄网

2. 拉网捕捞

拉网的网片由尼龙线编织而成，网眼为 60 目。拉网时先排掉养殖池部分水，然后 2 ～ 4 人分别在池塘两岸拉网，拉网时网下纲要紧挨池底。拉网捕捞的一次捕净率不是很高，需多次重复操作，才能基本捕净。此法适用于养殖面积较大的池塘。

3. 竹筛收集法

用竹筛裹着纱布、塑料网袋，中间放动物血或内脏，然后用竹竿捆扎好后放入池塘、湖泊、水库、稻田中，第二天收起竹筛，可捕到水蛭。

4. 竹筒收集法

把竹筒劈开两半，在内壁涂上动物血，再将竹筒复原捆好，放入水田、池塘、湖泊等处，第二天就可收集到水蛭。

5. 丝瓜络捕捉法

将干丝瓜络浸入动物血中吸透，然后晒（烘）干，用竹竿绑牢放入水田、池塘、湖泊，次日收起，就可抖出许多水蛭。

6. 草把捕捉法

先将干稻草扎成两头紧、中间松的草把，将动物血注入草把内，横放在水塘进水口处，让水慢慢流入水塘，4 ~ 5 小时后即可取出草把，收取水蛭。

7. 搅水法诱捕

此法是利用水蛭对水的波动十分敏感的特性。在水稻田、池塘、水渠等水域都可采用。先用网兜在水中搅动几下，水蛭感知信息后，就会从泥土中或水草间游出来，此时乘机用网兜捞取。此法简便、实用。

8. 塑料泡沫板或浮叶收集法

将池水排到深 20 厘米左右，把涂有泥浆的塑料泡沫板或浮叶放在水面上，第二天就可收集到水蛭，效果不错（图 7–3）。

图 7–3　浮叶（瑞莲叶）收集水蛭

9.干池捕捞

先排放一部分池水，接着用网兜捞取一部分水蛭，最后将池水全部排干，下池把水蛭捕捉干净。此法很适用于水泥池养殖水蛭。

（三）挑选

捕上的水蛭要根据个体大小分别处理，将健壮、体大、个体重 20 克以上的留种，集中投放到越冬池中养殖。8 克以下的水蛭进入越冬管理，翌年继续养殖。其余的水蛭清洗干净待加工（图 7–4）。

图 7-4　待加工水蛭

二、水蛭加工与贮藏

（一）水蛭捕获后处理

水蛭捕获后，如果不立即出售，就要进行简易的初加工，便于保管和运输。加工时最好要选择晴天，晒出来的水蛭干、质量好且吊干时间短。如果第二天晴天，也可以加工。因为活水蛭第一天穿线后不会死，第二天死亡后即是晴天，烈日下水分蒸发快，质量不受影响。阴天无法晾晒，容易腐烂变质。如突遇阴雨天无法晾晒，可将水蛭架搬进空调室，空调开制冷，注意千万不能开制热。鲜水蛭最好放在纱网上悬空晾晒（图 7-5）；活水蛭一般要暴晒 4 ~ 7 天才能完全晒干（含水量 2% 以下）。由于季节及水蛭肥瘦不

图 7-5　水蛭晾晒干品

同，重量相同的鲜水蛭出干蛭率也不同（表 7–1）。

表 7-1　鲜蛭晒干加工出干蛭率

季　节	水蛭规格	出干蛭率（%）
春　季	成鲜蛭	16.7
	小鲜水蛭	6.1
秋　季	成鲜蛭	13.3
	小鲜水蛭	6.9

注：出干蛭率 = 水蛭干品重 ÷ 鲜水蛭重 ×100%

（二）水蛭干加工方法

1. 生晒法

将活水蛭用线、塑料绳（12×2 股）或铁丝（16 号）穿起，在阳光下曝晒，晒干（含水分 2%左右）即可（图 7–6、图 7–7）。

2. 水烫法

将水蛭洗净放入盆内，倒入开水，热水浸没水蛭 3 厘米为宜，20 分钟后将烫死的水蛭捞出晒干。如果第一次没烫死，可

图 7–6　用铁丝穿水蛭

图 7–7　水蛭生晒

再烫一次。

3. 碱烧法

将水蛭与食用碱（小苏打，即碳酸氢钠）粉末同时放入器皿内，双手戴上胶皮手套上下左右翻动水蛭，边翻边揉搓，让碱粉均匀渗入水蛭体内，从而使水蛭失水而慢慢收缩、死亡，最后将其捞出洗净、晒干。

4. 灰埋法

（1）石灰粉埋法　将水蛭埋入石灰粉中 20 分钟，待水蛭死后筛去石灰，用水冲洗干净，晒干或烘干。

（2）草木灰法　用稻草烧成灰，将水蛭埋入草木灰中，约 30 分钟后水蛭死亡，再筛去草木灰，最后用清水洗净水蛭晾干即可。

5. 烟埋法

50 千克水蛭用 0.5 千克烟丝，将水蛭埋入烟丝中约 30 分钟，待其死后再洗净晒干。

6. 酒闷法

将高度白酒倒入盛有水蛭的器皿内，将其淹没，加盖封 30 分钟，待水蛭杀死后捞出，再用清水洗净，晒干。

7.盐制

将水蛭放入器皿内，放一层水蛭，再撒一层盐，直到器皿装满为止。将盐渍死的水蛭晒干即可（图 7–8）。

8. 摊晾法

在阴凉通风处，将处死的水蛭平摊在清洁的竹竿、草帘、水泥板、木板等处，晾干即可（图 7–9）。

9. 烘干法

有条件者可将处死的水蛭洗净后低温（70℃）烘干或在空

图 7-8　水蛭盐制加工半成品

图 7-9　水蛭摊晒

调室冷干。

加工后的商品水蛭应是扁平的纺锤形，背部稍隆起，腹面平坦，质脆易断，断面有胶质似的光泽，黑褐色。

（三）贮藏

水蛭干品易吸湿、受潮和虫蛀，应装入布袋，外用塑料袋套住密封，挂在干燥通风处保存待售。以下介绍 3 种方法。

1. 挂袋法

把晒干的水蛭装入清洁的布袋，再外套塑料袋密封，悬挂在干燥、通风处保存待出售。

2. 缸瓮贮藏法

采用缸、瓮等作为贮藏工具，使用时在缸、瓮底部放入生石灰块，在其上面置一块透气良好的木隔板或铺两层粗草纸，将水蛭干品经简单包装后放入，盖上盖子，再盖上一张比缸、瓮面大的厚塑料薄膜，最后用胶带密封缸、瓮口。

3. 塑料密实袋贮藏法

近年来一般多用塑料密实袋（图 7-10）装水蛭干品，每袋装 1 千克、2 千克、5 千克等，把几袋放进更大的袋中，再采用真空包装，既防水蛭腐败变质，又可防止虫蛀。

图 7-10　塑料密实袋包装的水蛭干品

三、水蛭等级与药用加工

（一）水蛭干优质品标准

加工后的商品水蛭必须无杂质和泥土，手摸肉质有弹性，形状完整，自然扁平，长条形，环节明显，背部稍隆起，腹部平坦，两头小，中间大，外表体色为褐色或灰褐色，质脆易折断。

（二）水蛭药用加工方法

水蛭是一味常用中药材，经过药用加工即可使用，药用加工也叫作炮制。根据不同的药用价值，炮制的方法也不同，一般有以下几种方法。

1. 炒水蛭

先将滑石粉放在铁锅里炒热，然后加入水蛭段，用文火炒到水蛭段稍鼓起时取出，放到筛盘内筛出滑石粉，待凉即可。

2. 油水蛭

先在铁锅中放入猪油，用文火烧热，然后放进水蛭段，把水蛭炸成焦黄色时取出，冷却后研成粉末即可（图 7–11）。

图 7–11　油水蛭

3. 焙水蛭

把干水蛭放在烧红的瓦片上烘焙至淡黄色，研成粉末状即可。

（三）常见水蛭药材鉴别

我国市场上常见的水蛭药材有 3 种：宽体金线蛭、尖细金线蛭、日本医蛭。这 3 种水蛭加工成干品后比较难鉴别，下面将这三种水蛭干品特征分别介绍如下。

1. 宽体金线蛭

干品比较宽大，体呈扁平纺锤形，略弯曲。自然水域产品加工干品后个体大小差别比较小，体长在 8 ~ 10 厘米；养殖产品个体长 4 ~ 10 厘米。干品最宽处为 1 ~ 2 厘米。背部黑褐色或黑棕色，背腹略有厚度。前端略尖，后端钝圆。后吸盘大而清晰，腥味浓，味咸（图 7–12）。

图 7–12 宽体金线蛭干品

2. 尖细金线蛭

干品称为“长条蛭”，因其外形狭长而得名，体的两端尖细，后吸盘大而圆，前吸盘不明显。体节不明显，体表凹凸不平，背腹均呈黑棕色，有泥腥气。

3. 日本医蛭

干品条子小，故称“小水蛭”，体呈长扁圆柱形，长仅 3 厘米左右，宽仅 0.4 厘米左右，体弯曲扭转，呈黑棕色。

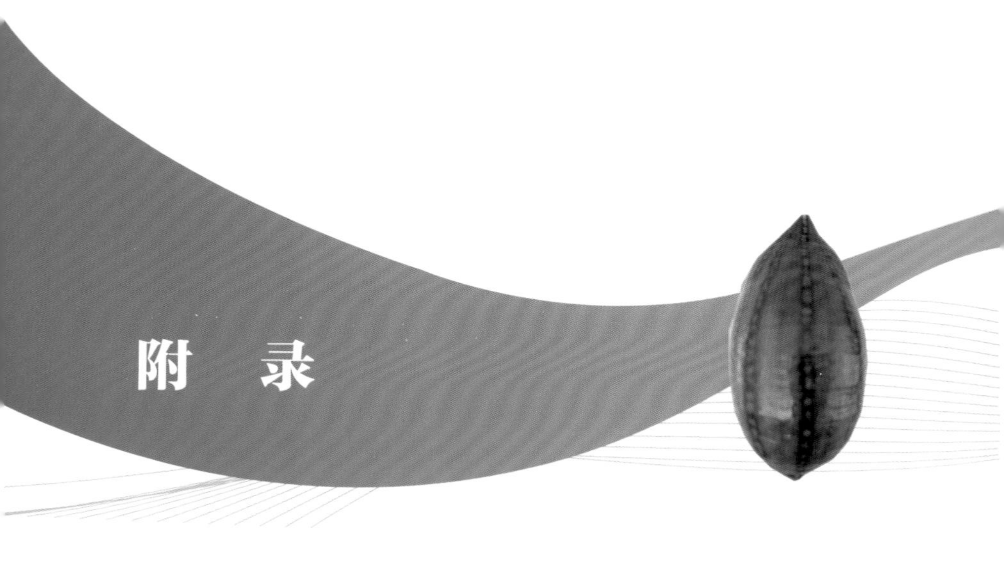

附表1　水蛭日投饵量记录表

年　　池号:　　　　　　　　单位：千克

月份 数量 日	5	6	7	8	9	10	总 计
1							
2							
3							
4							
5							
6							
7							
8							
9							
10							
11							
12							
13							
14							
合　计							

记录员:(签名)

附表 2　幼蛭培育管理记录表　　　　池号：

年　　月　　日　　　　　　　　　　幼体入池数量：　　　（万条）

日期 月 / 日	天气		水温 / ℃			pH 值	预防药物	加换水	水位	发育情况	幼蛭存池数量
	上午	下午	6:00	14:00	20:00						

记录员：（签名）

附表 3　水蛭养殖日常管理记录表　　　　池号：

年　　月　　日　　　　　　　　　　　　放蛭苗量：　　　　（万条）

日期 月/日	天气		水温/℃			pH 值	预防药物	加换水	水位	透明度	水蛭活动情况
	上午	下午	6:00	14:00	20:00						

记录员：（签名）